从0到1：ESG入门

ESG

张伟 桂洪普 主编

苏州大学出版社
Soochow University Press

图书在版编目（CIP）数据

从 0 到 1：ESG 入门 / 张伟，桂洪普主编. --苏州：苏州大学出版社，2025.7. --ISBN 978-7-5672-5319-3

Ⅰ. X322

中国国家版本馆 CIP 数据核字第 2025ZW8298 号

CONG 0 DAO 1：ESG RUMEN

责任编辑：刘　海　**助理编辑**：周　麒　**装帧设计**：刘　俊

出版发行：	苏州大学出版社	**网　　址**：	www.sudapress.com
社　　址：	苏州市十梓街 1 号	**邮　　箱**：	sdcbs@suda.edu.cn
邮　　编：	215006	**开　　本**：	718 mm×1 000 mm　1/16
印　　刷：	苏州工业园区美柯乐制版印务有限责任公司	**印　　张**：	12
版　　次：	2025 年 7 月第 1 版	**字　　数**：	197 千
印　　次：	2025 年 7 月第 1 次印刷	**定　　价**：	52.00 元

图书若有印装错误，本社负责调换

苏州大学出版社营销部电话　　0512-68741020

苏州大学出版社天猫旗舰店　　https://szdxcbs.tmall.com

编 委 会

前　言

过去数十年间，ESG（环境、社会和治理）从投资领域的专业术语，迅速发展为全球主流趋势。各国政府、投资者和公众逐渐认识到，仅追求短期利润难以支撑长期发展。如今，ESG已成为企业运营的新常态——可持续发展不再是小众议题，它不仅是衡量商业成功的新准则，更代表着时代价值观的深刻转变。

然而，ESG涵盖环境科学、社会学、企业管理、金融投资等多个领域，涉及大量专业术语和评价体系。对于初学者而言，碎片化的信息往往令人无所适从，难以构建系统的认知框架。

本书的创作初衷正是为希望了解ESG的读者搭建一座入门的桥梁。我们致力于用平实的语言和严谨的逻辑，以系统化的知识架构，帮助读者建立ESG的基础认知体系，理解环境、社会与治理三大维度如何协同作用，从而建立对可持续发展的整体认知，避免将其简单理解为单一的环保行为或短期的商业噱头。

无论您是学生、关注环境与社会议题的人士，还是企业及投资领域的从业者（特别是职场新人），本书都将成为您探索ESG世界的理想起点。我们坚信，ESG不仅是企业管理者和投资者的必修课，也是公众了解企业社会责任的重要视角。本书旨在帮助您掌握其核心价值观与方法论，从而在日常生活中践行可持续发展原则，共同建设一个环境更美好、社会更公正、治理更透明的未来。

目 录

第一章　ESG 概述

一、ESG 概述

“ESG”是英文单词“Environmental”（环境）、“Social”（社会）和“Governance”（治理）的缩写。ESG 理念的真正起源是社会责任投资（Socially Responsible Investment，简称“SRI”），而这一概念最早可以追溯到两千多年前，那时候人们普遍用道德标准来约束商业行为，某些地域的商业行为还会受到宗教的影响。后续还有很多促进早期商业道德向社会责任投资理念转变的历史，本书不一一阐述。本书旨在给 ESG 初学者构建“ESG 世界观”，因此从“ESG”一词的出现开始讲起。

（一）起源与发展

2004 年，联合国全球契约组织（United Nations Global Compact，简称“UNGC”）发布了《关怀者胜》（*Who Cares Wins*）的倡议，首次提出了“ESG”这一概念。该倡议明确了企业在三个重要领域——环境、社会和治理方面的责任，直接影响了全球资本市场对企业非财务表现的关注，为后来的 ESG 投资标准提供了理论依据。投资者越来越认识到，企业的 ESG 表现不仅影响其声誉，还可能直接影响其投资回报。该倡议的发布还向全球企业传递了一个重要信息：企业的环境、社会责任不再是附加项，而是其长远发展的核心组成部分，从而推动环境、社会责任从企业的附加责任转变为核心战略。

2006 年，在联合国秘书长科菲·安南的推动下，联合国支持的负责任投资原则（Principles for Responsible Investment，简称“PRI”）组织正式成立。PRI 组织通过吸引资产所有者和资产管理者签署承诺书，鼓励他们将环境、社会和治理因素纳入投资决策和实践。该组织在推广 ESG 投资和可持续投资理念方面发挥了重要作用，推动了全球投资界对 ESG 标准的广泛采纳。

PRI 组织的成立标志着全球投资行业开始更加关注非财务因素的影响，尤其是企业的环境、社会责任和治理结构。投资者开始意识到企业的社会责任和可持续性对长期投资回报的重要性。同时，PRI 组织还提供了一个系统框架，帮助投资者在决策过程中有效地考虑这些因素。

全球金融危机加速了 ESG 理念的普及。2008 年全球金融危机促进了对传统资本主义模式的反思，特别是对短期利润驱动的资本市场模式的质疑。金融危机暴露了许多企业在环境、社会责任和公司治理方面的短板，导致企业的风险管理体系和社会责任标准受到了广泛关注。这一时期，ESG 开始被视为一种风险管理工具，帮助投资者识别潜在的环境和社会风险，从而保护长期投资价值。许多资产管理机构开始在投资决策中考虑公司的环境影响、社会责任和治理结构，并加强了对 ESG 相关风险的评估。

2015 年被认为是 ESG 发展的里程碑。9 月，联合国发布了《2030 年可持续发展议程》，其中明确提出了 17 个联合国可持续发展目标（Sustainable Development Goals，简称“SDGs”）。这些目标涵盖环境保护、社会公平、经济增长等多个方面，成为全球各国和企业实现可持续发展的共同指南。ESG 的框架与 SDGs 高度契合，企业和投资者开始将 SDGs 作为评估企业可持续发展的关键指标。

2015 年 12 月，《巴黎协定》在第二十一届联合国气候变化大会上通过，目标是将全球气温升幅控制在比工业化前水平高 2 摄氏度以内，并尽力限制在 1.5 摄氏度以内。《巴黎协定》的通过标志着全球社会对气候变化的高度关注，该协定要求各国政府和企业采取行动减少温室气体排放。《巴黎协定》是人类历史上应对气候变化的第三个具有里程碑意义的国际法律文件，它为 2020 年以后的全球气候治理格局奠定了基础。

同年，金融稳定理事会（Financial Stability Board，简称“FSB”）成立气候相关财务信息披露工作组（Task Force on Climate-Related Financial Disclosures，简称“TCFD”），TCFD 框架涵盖四个领域——治理、战略、风险管理和指标与目标，旨在帮助企业和金融机构评估气候变化可能对其收入、成本、资产及负债等方面产生的影响。

TCFD 自 2017 年 6 月以来发布了一系列气候相关政策文件，如《气候相关财务信息披露工作组建议报告》、《2017 年实施指南（附件）》和《2017 年情景分析技术补充》等。2020 年 9 月，全球报告倡议组织（Global Reporting Initiative，简称“GRI”）、可持续发展会计准则委员会（Sustainability Accounting Standards Board，简称“SASB”）等多个机构发布联合声明，表示将致力于在现有的气候相关财务披露标准中融入 TCFD 的建议指标，TCFD 逐渐成为各国监管机构制定气候风险披露要求的基础。2023 年 7 月 11 日，FSB 要求国际财务报告准则（International Financial Reporting Standards，简称“IFRS”）基金会接管对企业气候相关财务信息披露工作的监督。

2024 年 4 月 12 日，在中国证券监督管理委员会（以下简称“中国证监会”）的指导下，上海、深圳和北京三大证券交易所正式发布《上市公司可持续发展报告指引（试行）》（以下统称“《指引》”），旨在引导和规范上市公司发布可持续发展报告（或称“ESG 报告”）。《指引》于 2024 年 5 月 1 日起正式实施。此举标志着中国资本市场在推动企业透明度和可持续发展方面迈出了重要一步，为上市公司在环境、社会和治理方面的信息披露提供了更加明确的标准。2024 年 11 月 6 日，上海、深圳、北京三大证券交易所发布《上市公司可持续发展报告编制指南（征求意见稿）》（以下统称“《指南》”）。《指南》针对市场关注的议题开展双重重要性评估分析、四要素（治理，战略，影响、风险和机遇管理，指标与目标）披露框架等方面给予了必要的细化指导，旨在为上市公司编制可持续发展报告提供参考。2025 年 1 月 17 日，上海、深圳、北京三大证券交易所正式发布实施《上市公司自律监管指南第 3 号——可持续发展报告编制》，从发布征求意见稿到实施历时不到 3 个月。

2024 年 11 月 20 日，财政部会同外交部、国家发展改革委、工业和信息化部、生态环境部、商务部、中国人民银行、国务院国资委、金融监管总局、中国证监会制定了《企业可持续披露准则——基本准则（试行）》，旨在推动经济、社会和环境可持续发展，稳步推进中国可持续披露准则体系建设，规范企业可持续发展信息披露。

ESG 发展历程见图 1-1。

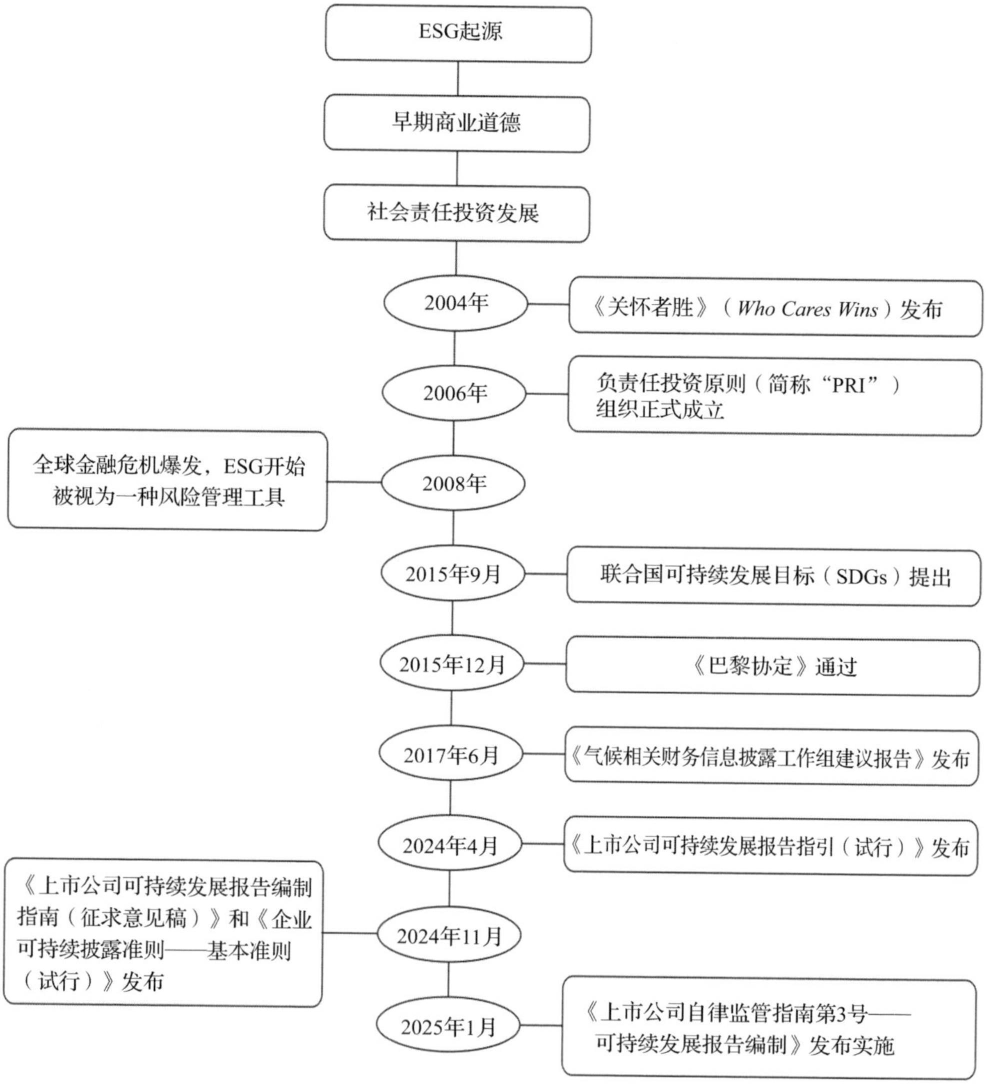

图 1-1　ESG 发展历程

（二）本质

不管是 ESG 相关文件的密集发布，还是 ESG 与中国“双碳”（碳达峰、碳中和）战略目标的高度重合，ESG 的本质决定了它在近些年热度不断攀升。

关于 ESG 的本质众说纷纭，随着时代的发展，也会逐渐有新的阐释。在当下，有人说它是一个类似于 ISO9001（质量管理体系）和 ISO14001（环境管理体系）的体系，也有人说它是一个关于环境、社会和治理的标准。本书的观点是，ESG 是一个关于可持续发展的评价工具或者评价原则，本质上是联合国全球契约组织为"可持续发展"议题提供的一个相对清晰的分类框架。从实际应用的角度出发，也可以说 ESG 本质上是一套服务于风险管理的非财务信息披露的评价工具或者评价原则。

您可能没注意到，ESG 已经悄然融入了我们的日常生活：您新购的手机不再提供充电器，您喝的国外品牌咖啡来自支持公平贸易的企业，您穿的衣服渐渐开始采用环保材料生产，您投资的基金可能已经开始在背后筛选 ESG 评级高的公司——每一次购买，都成为表达价值观的机会。这些生活中的点滴改变，正是 ESG 本质的生动体现。

二、三重底线理论

三重底线理论（Triple Bottom Line，简称"TBL"）是一个用来衡量企业或组织绩效的框架，它不仅关注财务绩效，还扩展到了关注环境和社会责任绩效，即"3P"：利润（Profit）、人（People）、地球（Planet）。该理论最早由英国学者约翰·艾尔金顿（John Elkington）于 1997 年提出，旨在推动企业在追求利润的同时能够关注到社会和环境的可持续性。解读该理论能够帮助我们更好地理解 ESG 的内涵。

（一）"3P"

利润（Profit）——财务底线：利润是传统的企业目标，主要衡量企业的盈利能力和经济效益。它强调通过有效的市场运作、成本控制、创新产品或服务来实现收入和利润的增长。企业在利润方面的成功可以通过财务报表、股东回报等传统经济指标来体现。

核心关注问题：企业如何通过盈利实现长期发展，以及如何在市场竞争中获得持续的经济优势。

人（People）——社会底线：关注企业对社会的影响，尤其是在员工福利、社区发展、社会公平等方面的责任。它要求企业不仅要追求经济利益，还要考虑社会的需求和期望。社会底线的核心是“人”，包括员工、客户、供应商、合作伙伴及其他利益相关者。

核心关注问题：企业如何通过社会责任活动提升其社会影响力，以及如何与利益相关者建立长期和谐的合作关系。

地球（Planet）——环境底线：关注企业在经营过程中对自然环境的影响。随着环境问题的日益严重，企业需要通过绿色生产、减少碳排放、保护生态环境等手段承担起对地球的责任。环境底线要求企业在追求经济效益的同时减少对环境的负面影响，推动可持续发展。

核心关注问题：企业如何通过节能减排、生态保护等措施减轻环境负担，并推动绿色经济的发展。

三重底线理论的核心在于“3P”的综合平衡。利润、社会和环境三者是相互依存的，忽视其中一个方面可能会对其他方面产生负面影响。

（二）股东价值最大化理念的局限性

在现代企业管理中，为什么只追求利润（股东价值最大化）的企业无法获得“长期成功”？

传统的股东价值最大化（Shareholder Value Maximization）理念源自 20 世纪 70 年代和 80 年代的管理理论，尤其是美国经济学家、诺贝尔经济学奖获得者米尔顿·弗里德曼（Milton Friedman）提出的理论在当时极受推崇。他认为，企业的首要责任是为股东创造最大化的财富，企业的社会责任仅仅是实现利润最大化，以此来增加股东财富，企业应该专注于通过提高利润和增加股东回报来增加股东的财富。

当时在这种理念下，企业的决策往往以股东的利益为核心，其他利益相关者（如员工、社区、环境等）则被认为是企业运营中的次要考虑对象。曾经一个时期，资源过度消耗、环境污染、劳工权益受损等问题比比皆是。但在现代社会，由于社会责任、环境保护及可持续发展的压力，股东价值最大化理念的局限性逐渐显现。

以汽车行业为例，企业追求短期利润，削减环境保护和安全投入，导致其生产的汽车面临重大安全隐患、尾气排放不达标等问题。在当下，这类情况必然会引发大规模召回事件，最终损害企业的品牌信誉和股东的长期利益。

三重底线理论则强调企业在创造财务回报的同时，必须注重社会责任和环境保护。企业的成功不仅体现在利润上，更体现在平衡经济、社会和环境三个维度，推动长期价值的实现。

（三）分蛋糕 VS 做蛋糕

企业的第一经济责任是赚钱，这一点毋庸置疑。但在这种思维框架下，企业如果仅考虑从现有的资源中获取最大份额，关注的是如何将有限的利润和资源分配给股东，而削减甚至是剥削其他利益相关方的利益，如克扣劳工薪酬福利、在环保设施方面弄虚作假、压低供应商价格等，最终一定会导致外部负面效应，损害整个经济生态系统的健康。

传统的股东价值最大化理念可以视为一种分蛋糕的行为，是零和博弈。所谓零和博弈，是指在一场游戏中，参与者的总收益和总损失相抵，结果总和为零。在这种博弈中，一方的得益总是以另一方的损失为代价，参与者之间的利益是完全对立的。

而三重底线理论则强调做蛋糕的行为包括创造价值，而不仅是分配价值。企业不仅要“分配”现有的利益，还应当通过创新和可持续的商业模式来“做大蛋糕”。例如，员工薪酬福利的增加会推动员工的创新、增强员工的活力，从而带来产品的技术革新；更环保、更绿色的材料更容易得到消费者的拥护等。这种做法将企业的利润、社会和环境效益融为一体，通过全方位的责任担当推动企业长远发展，并为所有利益相关者创造更大的价值。

（四）短期主义与长期主义

长期主义与短期主义代表了企业管理中两种截然不同的思维方式。长期主义者着眼于未来，强调企业的可持续发展与长期价值；而短期主义者则关注眼前的效率和回报，注重实现快速盈利。由此可见，“黑心工厂”之类的标签多会贴在短期主义者所经营的企业身上。

长期主义者倾向于将企业的未来利益置于当下利益之上，更加注重与利益相关者建立长期的合作关系。这类管理者通过创新和持续的投资来提升企业的未来价值，尤其是在技术研发和品牌建设方面。长期主义者认为，企业的成功并不是依赖于短期的财务表现，而是依赖于持续的创新和适应能力，他们愿意为未来投入更多的资源，推动企业不断适应市场的变化和挑战。

相比之下，短期主义者的管理风格则更为关注当前的利润和效率。这类管理者更倾向于采用传统的工作方式，注重通过降低成本和提高生产效率来获得即时的回报。由于过于注重眼前利益，短期主义者可能忽视对技术、研发和员工薪酬福利等的长期投入，从而使企业在快速变化的市场中失去竞争力。

具有远见卓识的企业领导者通常能够引领行业发展，使企业实现长期繁荣，成为行业的佼佼者，甚至发展成为“百年老店”。而那些目光短浅的企业，虽然可能在短期内获得一些成功，但由于缺乏远见和持续的创新，它们注定无法持久，无法打下坚实的基础，最终难以维持长久的市场地位。

三重底线理论是 ESG 理念的重要理论支柱之一。通过理解从“利润、人、地球”到“环境、社会、治理”的转变，我们能够更加深入地理解 ESG 所传递的核心逻辑，以及其所蕴含的内在价值。

三、经济的外部性

绝大多数与 ESG 相关的书籍都会提到“外部性”一词，而在 ESG 的实践中，主要解决的问题就是企业通过关注环境影响、社会责任及治理结构来实现外部性成本的内部化，从而减轻企业对社会的负担，并促进资源的更高效利用。

（一）定义

“外部性”一词最早是由英国经济学家阿尔弗雷德·马歇尔（Alfred Marshall）在其经典著作《经济学原理》一书中提出的，迄今已有 110 多年历史。所谓外部性，也称“外在效应”或“溢出效应”，是指一个人或一个企业的活动对其他人或其他企业的外部影响，这种影响并不是在有关各方以价格为基础的交换中发生的，即非市场化。所以，经济外部性又称“经济活动的外部性”，是指经济主体（包括厂商或个人）的经济活动对他人和社会造成的非市场化的影响。其有正外部性和负外部性之分。

正外部性是指某个经济行为个体的活动使他人或社会受益，而受益者无须花费代价；负外部性是指某个经济行为个体的活动使他人或社会受损，而造成外部不经济的人却没有为此承担成本。

工业排放的废气、废水和废渣是最典型的负外部性表现。例如，一些国家早期走“先污染后治理”路线的时候，企业在生产过程中废水、废气的排放对周围环境造成了污染，影响到了周边生活的居民，产生了负外部性。

教育和疫苗接种可以被视为典型的正外部性的例子。个体接受教育，不仅能提高自己的生产力，还可能为社会带来更高的整体创新水平、文化素质和社会福利；受过良好教育的个体更有可能在工作中表现出色，推动科技进步或社会进步，从而提升整个社会的经济和文化水平，这就是教育所带来的正外部性。个体接种疫苗，不仅可使自己免受疾病的侵害，也降低了疾病传播的风险，保护了社区中的其他成员，尤其是免疫系统较弱的群体（如老人、婴儿或病人），这种社会效益就是疫苗接种所带来的正外部性。

（二）影响机制

1. 市场失灵

在经济学领域，外部性通常被认为是市场失灵的一种表现，它会导致市场无法有效地反映社会整体的成本和收益，导致资源的非最优配置。具体来说，外部性（无论是正外部性还是负外部性）使得市场无法通过供求关系和价格机制来内化所有相关的成本或收益，进而影响了市场的效率。

在理想的完全竞争市场中，价格机制能够反映所有市场参与者的成本和收益，市场通过供求关系来实现资源的最优配置。然而，外部性干扰了这一过程，当外部成本或外部效益未能反映在市场价格中时尤其如此。

负外部性：污染企业在生产过程中排放污染物，但污染成本并未体现在产品的价格上，消费者和其他生产者只能看到价格反映的生产成本，而忽视了污染带来的社会成本。污染企业由于成本低，产品的售卖价格也就低，消费者更愿意购买价格低的产品，而没有意识到其长期的环境成本对整个社会的影响。同时，污染企业在市场价格战中的优势更大，这进一步挤压了那些愿意承担环境成本的同业企业的生存空间，导致企业没有强烈的动机去减少污染，从而造成恶性循环，资源配置低效。

正外部性：某企业研发了一种新技术，虽然这种技术给社会其他成员带来了技术创新和经济收益，但这个企业并没有从其他人那里获得相应的补偿。由于市场价格未能反映这种社会收益，企业可能会减少技术研发的投入，从而错失提升社会福利的机会。

2. **政府调节机制**

政府调节机制在应对外部性导致的市场失灵中发挥着至关重要的作用。政府通过制定和实施相关政策，纠正市场失灵，确保资源得到有效配置，社会整体福利得到提升。

对于污染物排放、资源浪费等负外部性，政府可以通过征收污染税或环境税等政策工具，迫使企业和消费者为其行为造成的社会成本承担费用。这种内化外部成本的机制促使市场参与者改变生产或消费行为，减少对社会福利的负面影响。同理，碳税政策通过对排放二氧化碳的行为征税，减少温室气体排放，从而应对气候变化问题。

对于那些带来社会效益的正外部性，政府可以通过补贴、税收优惠等措施激励相关方面进行更多的研发或投资。例如，政府对研发创新的补贴或对绿色能源的支持，可以促进社会整体福利的提升，同时弥补市场对正外部性投入的不足。教育的社会回报远高于个人回报，但如果没有公共教育的支持，许多人可能会因无法支付学费而放弃教育，造成社会的资源浪费。

（三）ESG实践促进外部成本内部化

ESG作为综合考虑企业长期可持续发展的框架、工具、方法、原则，为外部性问题提供了解决方案。在ESG实践中，企业通过环境管理、社会参与及治理优化三位一体的方式，实现外部性成本的内部化，从而缓解社会承载压力，并促进资源的更高效利用。

在环境领域，负面外部性通常表现为污染、资源耗竭等。通过实施ESG标准，企业被鼓励采取更加环保的生产方式，如减少碳排放、提高能源利用效率、实现废弃物循环利用等。企业用绿色能源替代传统能源，不仅能够减少温室气体排放，还能减少环境污染。企业投资于此类技术，一方面降低了社会的外部成本，另一方面也可以为自身带来长期的运营成本节省，同时还可以减少因污染所导致的罚款。

在社会领域，外部性可能表现为不平等的劳工待遇、不良的社区影响等。ESG 框架鼓励企业维护劳工权益、加强对社区的投资、确保产品的安全性等，减少社会负面外部性对当地社区和整体社会带来的影响。通过践行社会责任，企业不仅能够提升品牌形象，还能减少因社会不公、劳资冲突等引发的社会不稳定因素。

在治理领域，治理外部性通常表现为企业内部治理不善，导致资源配置不当、决策失误等问题。在 ESG 框架下，良好的治理结构可以帮助企业减少不透明、腐败等带来的负面影响，通过加强透明度、强化股东和管理层的责任等措施，使企业的经营更加合规、透明和公正。这些治理措施有助于内部化治理成本，避免由于治理失误而产生的外部性问题。

ESG 实践将外部成本内部化，有助于提高企业的可持续发展能力，这种内部化不仅是企业的社会责任问题，更是企业长期战略规划的重要组成部分。

四、联合国可持续发展目标

2015 年 9 月 25 日，联合国可持续发展峰会正式通过了 SDGs。SDGs 旨在继承并扩展 2000—2015 年千年发展目标（Millennium Development Goals，简称“MDGs”）的成果，继续指导 2015—2030 年的全球可持续发展工作，致力于推动各成员国的政府、城市、大学、社会组织及个人等协同行动、多元共治，共同解决生态、社会、经济三个维度的多种问题。

（一）联合国 17 个可持续发展目标

SDG 1 无贫穷（No Poverty）：在全世界消除一切形式的贫困。

SDG 2 零饥饿（Zero Hunger）：消除饥饿，实现粮食安全，改善营养状况和促进可持续农业。

SDG 3 良好健康与福祉（Good Health and Well-being）：确保健康的生活方式，促进各年龄段人群的福祉。

SDG 4 优质教育（Quality Education）：确保包容和公平的优质教育，让全民终身享有学习机会。

SDG 5 性别平等（Gender Equality）：实现性别平等，增强所有妇女和女童的权能。

SDG 6 清洁饮水和卫生设施（Clean Water and Sanitation）：为所有人提供水和环境卫生并对其进行可持续管理。

SDG 7 经济适用的清洁能源（Affordable and Clean Energy）：确保人人获得负担得起、可靠和可持续的现代能源。

SDG 8 体面工作和经济增长（Decent Work and Economic Growth）：促进持久、包容性和可持续经济增长，促进充分的生产性就业和人人获得体面工作。

SDG 9 产业、创新和基础设施（Industry，Innovation and Infrastructure）：建造具备抵御灾害能力的基础设施，促进具有包容性的可持续工业化，推动创新。

SDG 10 减少不平等（Reduced Inequalities）：减少国家内部和国家之间的不平等。

SDG 11 可持续城市和社区（Sustainable Cities and Communities）：建设包容、安全、有抵御灾害能力和可持续的城市和人类社区。

SDG 12 负责任消费和生产（Responsible Consumption and Production）：采用可持续的消费和生产模式。

SDG 13 气候行动（Climate Action）：采取紧急行动应对气候变化及其影响。

SDG 14 水下生物（Life below Water）：保护和可持续利用海洋和海洋资源以促进可持续发展。

SDG 15 陆地生物（Life on Land）：保护、恢复和促进可持续利用陆地生态系统，可持续管理森林，防治荒漠化，制止和扭转土地退化，遏制生物多样性的丧失。

SDG 16 和平、正义与强大机构（Peace Justice and Strong Institutions）：创建和平、包容的社会以促进可持续发展，让所有人都能诉诸司法，在各级建立有效、负责和包容的机构。

SDG 17 促进目标实现的伙伴关系（Partnerships for the Goals）：加强执行手段，重振可持续发展全球伙伴关系。

（二）联合国 17 个可持续发展目标之间的关联

在探讨联合国可持续发展目标时，通常将其分为三个主要维度：生物圈（Biosphere）、社会（Society）和经济（Economy）。这些维度中的可持续发展目标紧密相连，有些目标甚至跨越不同维度，体现出多维度之间的互动和相互依赖。

陆地生物（SDG 15）是生物圈维度中的关键目标之一。维护生态系统的多样性对整个地球的生态平衡至关重要。通过保护自然栖息地，避免过度开发，可以维持生态链的稳定性，保障水源、空气质量和土壤健康。例如，保护森林不仅能减少碳排放，增强气候行动（SDG 13）能力，还能够促进区域水资源的可持续利用，反过来改善人类社会的生存环境，帮助实现清洁饮水和卫生设施（SDG 6）目标。

在社会维度中，良好健康与福祉（SDG 3）目标的核心是促进所有年龄段人群的身心健康，尤其是扩大各国公共卫生体系和医疗服务的覆盖面。当与优质教育（SDG 4）目标结合时，就能有效减轻女性在家庭照顾责任上的负担。例如，提供职业教育机会，不仅能帮助女性更好地平衡家庭与职场的双重角色，还能帮助她们通过职业技能的提升进入更高收入的劳动市场。这一变化有助于实现性别平等（SDG 5）目标，促进女性经济独立性和社会地位的提升，打破传统性别角色对女性职业发展的限制。

在同一社会维度中，零饥饿（SDG 2）目标的实现不仅直接改善了人们的营养状况，还与无贫穷（SDG 1）目标密切相关。减轻贫困意味着更多家庭能够获取充足的食物和营养支持，从而进一步改善社会整体的健康状况。与此同时，发展可持续农业不仅能直接解决饥饿问题，还能减少农业生产过程中对环境的负面影响，进而有助于保护水源和提升水质。这一变化促进了生物圈维度中清洁饮水和卫生设施（SDG 6）目标的实现，确保人们在享受农业丰收的同时，也能获得安全、洁净的饮用水。

从经济维度来看，负责任消费和生产（SDG 12）目标强调在生产和消费中减少资源浪费，提高资源使用效率。通过推动可持续的生产和消费模式，有效减少环境污染和资源消耗，这样反过来又会促进经济体在长远发展中的可持续增长。与此同时，这一目标对社会和生物圈其他目标的实现也有积极影响。例如，可以通过提升资源效率，支持无贫穷（SDG 1）、零饥饿（SDG 2）等目标的落实，同时带来体面工作和经济增长（SDG 8），即为更多的人提供稳定的收入和体面的工作机会。并且在经济增长的同时，减少资源消耗和碳排放。绿色技术、低碳产业的兴起，特别是绿色能源和可持续制造业的兴起，有助于实现经济适用的清洁能源（SDG 7）目标，减少对传统能源的依赖。

由此可见，联合国 17 个可持续发展目标并非孤立存在，而是形成了一个相互交织、密切联系的系统。不同维度的目标通过协同作用推动全球社会、经济和环境的全面进步。这种跨维度的互动体现了可持续发展的本质，即在实现社会公平、环境保护和经济繁荣之间寻求平衡，并通过系统性的策略来实现这些目标的共赢。

（三）目标与指标

为了使可持续发展目标更具有可操作性，联合国于 2017 年为每项目标分别制定了具体目标（Targets）和全球指标（Indicators），各国也分别为可持续发展目标制定了能够反映本国发展计划的国别方案（National Plans）。

联合国 17 个可持续发展目标共有 169 个具体目标，这些具体目标分为两类：结果目标（Outcome Targets）和实施方法目标（Means of Implementation Targets），每个具体目标下又提出了 1—4 项用于衡量其实现进度的全球指标。在 2020 年修改之后，全球指标变更为 247 项。联合国可持续发展目标的实现正在逐步被量化，这也从侧面体现出到 2030 年实现这些目标的决心，全球都在为实现可持续发展目标而努力。

具体到企业实施的行动，相当多的大型企业把联合国可持续发展目标作为 ESG 信息披露的标准之一，通常会在 ESG 报告相应议题下披露与联合国可持续发展目标的对应关系，以展现企业为实现联合国可持续发展目标所做出的努力。

五、ESG 投资

（一）定义

ESG 投资是在传统投资理念基础上，融入环境、社会和治理因素的一种投资方式。这种投资理念不仅关注企业的财务数据，如营收、利润、资产回报率等传统指标，更注重企业在环境、社会和治理方面的综合表现，力求实现经济利益与环境、社会可持续发展的平衡。

（二）ESG 投资策略分类

目前，主要的 ESG 投资策略可分为负面筛选、正面筛选、ESG 整合、参与公司治理、国际惯例筛选、可持续主题投资、社会责任投资七大类，每一大类又包含多种具体策略。本书挑选适用性最多的三类进行概述。

负面筛选策略是发展最早、应用也较为广泛的一类。它就像是在投资的“篮子”里做“减法”，目的是把那些 ESG 表现较差的公司排除在外。比如，一些投资者会明确规定不投资烟草、军工、博彩等行业的企业，因为这些行业可能在环境、社会或治理方面存在较大的争议或风险。这种策略的优点在于操作相对简单，能够快速排除高风险的投资标的，降低投资组合的潜在风险。然而，它也存在一定的局限性，如可能会因为过度排除某些行业而错失一些潜在的投资机会。

与负面筛选相反，正面筛选策略是在做“加法”，它聚焦于 ESG 表现优异的公司，这些公司通常在环境保护、社会责任履行和公司治理等方面有着出色的表现，如积极推动绿色能源发展、重视员工福利、公司治理结构完善等。投资于这些公司，不仅可以获得潜在的财务回报，还能为可持续发展做出积极贡献。但正面筛选策略对投资者的研究能力和信息获取能力要求较高，需要准确评估企业的 ESG 表现，以确保所选公司真正符合高标准。

整合类策略将 ESG 因素深度融入传统投资框架，力求实现更优的风险收益平衡，其中以 ESG 整合策略最为典型。它采用定性和定量相结合的方法，全面评估投资标的。在个股公司研究中，投资者会将 ESG 信息融入公司分析估值框架，从环境、社会和治理等多个维度考量公司的价值和潜在风险。在进行投资组合分析时，投资者会综合分析财务和 ESG 对投资组合的影响，进而对投资组合内的股票进行合理调整。例如，投资者采取相关性分析或敏感性分析等方法，根据 ESG 评分对财务数据、估值模型做出调整，或者对投资组合权重进行上调或下调。这种策略能够更全面地评估投资风险和机会，为投资者提供更科学的投资决策依据，但实施难度较大，需要投资者具备较强的专业能力和丰富的数据资源。

（三）ESG 投资与传统投资

一开始，大家投资主要看公司能赚多少钱，很少在意别的，这就是我们讲的传统投资方式。后来，随着环境问题越来越严重，如全球变暖、污染加剧等环境问题日益突出，同时社会对公平等的关注度也不断提高，人们开始认识到投资光看赚钱可不行，企业对环境和社会有没有负面影响，公司内部管理是不是规范，这些也很重要。到 20 世纪六七十年代，ESG 投资的理念开始萌芽。一些有社会责任感的投资者拒绝投资那些生产武器、经营烟草，或者对环境破坏大的企业。不过那时候，这只是少数人的行动，还没形成大趋势。到 20 世纪八九十年代，随着可持续发展概念的兴起，更多的人认识到经济发展不能以牺牲环境和社会为代价。一些机构开始尝试把环境、社会和治理因素纳入投资决策，但当时数据不好找，评估标准也不统一，发展比较缓慢。进入 21 世纪，尤其是最近十几年，ESG 投资迎来了爆发式增长。一方面，政府出台了很多政策鼓励企业践行 ESG，同时对企业的监管也更严格；另一方面，投资者越来越认可 ESG 投资理念，觉得它既能带来经济效益，又能实现社会价值。现在，ESG 投资已经成为全球投资领域的重要力量，越来越多的企业在积极提升自身的 ESG 表现。

与传统投资相比，ESG 投资有着显著的不同。在投资标准上，传统投资主要依据企业的财务报表和财务指标来评估投资价值，关注的是企业的短期盈利能力和财务回报；而 ESG 投资则将环境、社会和治理等非财务因素纳入投资考量范围，更加注重企业的长期可持续发展能力。在绩效方面，传统投资往往更注重短期财务回报，追求在短期内实现资产的增值；而 ESG 投资则强调长期价值和可持续发展，认为企业良好的 ESG 表现有助于降低长期风险，提升企业的竞争力和市场价值，从而为投资者带来更稳定、更持久的回报。在风险管理上，传统投资主要关注财务风险，如市场波动、利率变化、信用违约等对企业财务状况的影响。而 ESG 投资则不仅考虑财务风险，还充分考虑环境风险，如自然灾害、气候变化对企业生产运营的影响；社会风险，如员工罢工、社区冲突等对企业声誉和运营的冲击；治理风险，如内部管理不善、腐败等问题对企业发展的阻碍。在影响力投资（Impact Investing）方面，传统投资者更多关注公司的财务表现，通过买卖股票、债券等金融资产获取投资收益；而 ESG 投资者则常常会利用股东投票权和对话等方式，积极参与企业的治理，影响企业的 ESG 决策和实践，推动企业改善 ESG 绩效，实现经济、环境和社会的协调发展。

（四）总结

从“分蛋糕”到“做蛋糕”，是资本“向善”的过程。所谓蛋糕，就是市场份额。传统投资如同“切分存量蛋糕”，蛋糕就那么大，资本却越来越多，大家都想分一杯羹，甚至独享，要企业追求利润最大化，必然会通过压榨供应链、降低环保投入、忽视员工权益等方式争夺有限的“蛋糕”，最终只会让行业陷入内卷与零和博弈的状态（一方收益必然导致另一方损失，双方博弈的结果永远为0），陷入“分蛋糕”困境。而 ESG 投资则是把压榨供应链、降低环保投入、忽视员工权益等追求利润最大化的方式转变为环境、社会、企业的新生产要素，把原本的“蛋糕”做得更大。既然原来都在抢“蛋糕”，分配不均，那就把“蛋糕”做大、做多，吸引更多的投资者一起做“蛋糕”，让资本从“切蛋糕的刀”变成“烤蛋糕的火”！

六、负责任投资原则

（一）定义

负责任投资原则旨在推动投资者将 ESG 因素纳入投资决策，构建兼具经济效益与社会价值的可持续金融体系。其核心目标是解决气候变化、资源枯竭、社会不平等等系统性风险，通过资本的力量推动全球可持续发展。

负责任投资原则这一理念的提出，是对传统投资理念的拓展和深化。传统投资理念主要关注企业的财务业绩，如盈利能力、资产回报率等指标；而其倡导的责任投资理念则要求投资者从更广泛的视角来评估投资项目，将环境风险（如气候变化、资源短缺、污染等）、社会问题（如劳工权益、社区关系、产品安全等）及公司治理（如董事会结构、内部控制、高管薪酬等）纳入投资分析和决策过程。通过这种方式，投资者不仅可以更好地识别和管理投资风险，还能发现潜在的投资机会，推动资本流向那些在 ESG 方面表现优秀的企业，从而促进整个经济体系的可持续发展。

PRI 组织的成立标志着金融行业从股东利益至上向利益相关者共赢的范式转变。截至 2024 年，PRI 组织已覆盖全球 5 300 多家签约机构，管理资产规模超过 128 万亿美元，占全球机构资本的半数以上。这一成就的底层逻辑在于：ESG 风险已从边缘议题演变为系统性风险。例如，气候灾害导致保险赔付激增，促使资本重新定义“长期价值”。

2005 年，联合国秘书长科菲·安南邀请世界上主要的投资机构负责人参与制定负责任投资原则。在联合国环境署金融倡议（United Nations Environment Programme Finance Initiative，简称“UNEPFI”）和联合国全球契约组织的联合推动下，2006 年 4 月，PRI 在纽约证券交易所正式发布。

2007—2010 年，随着全球金融危机的爆发，投资者对风险管理和可持续发展的关注度进一步提高，PRI 的签署方数量呈现出快速增长的趋势。许多机构开始反思传统投资模式的局限性，认识到将 ESG 因素纳入投资决策可以帮助它们更好地应对市场波动和系统性风险。

2011—2015 年，PRI 组织在全球范围内积极开展推广活动，通过举办研讨会、培训课程、发布研究报告等方式，提高投资者对负责任投资原则的认识和理解。这一时期，签署方数量持续增加，涵盖了各种类型的投资机构，包括养老金基金、资产管理公司、保险公司、银行等。PRI 已成为全球责任投资领域最具影响力的倡议之一，引领着全球责任投资的发展潮流。

（二）PRI 六大核心原则

PRI 六大核心原则分为 ESG 整合、积极所有权、信息披露、行业协作、政策倡导和透明度建设。

1. ESG 整合

要求投资者进行投资决策时必须考虑环境、社会和治理等因素。不仅要看公司赚不赚钱，还要看它是否环保、对员工好不好、管理层是否靠谱。比如，买股票时，选择能减排的工厂，而不是污染严重的企业。

2. 积极所有权

当股东就要“管事”，买了公司的股票，不能只等分红，要通过股东提案、投票权行使推动被投资企业的改革。比如，要求被投资企业公开碳排放数据，或者投票支持环保提案等。

3. 信息披露

要求被投资企业公开 ESG 数据。比如，要求某家服装厂说明布料是否用了有毒染料，否则投资人可能撤资。

4. 行业协作

PRI 组织通过“净零资产所有者联盟”等倡议，协调全球资本向低碳领域流动，并联手制定行业标准。比如，共同要求所有车企在 2050 年前实现碳中和。

5. 政策倡导

推动政府立好规矩，PRI 组织与各国政府合作完善 ESG 监管框架。例如，支持中国制定《企业可持续披露准则》，推动 ESG 数据标准化。

6. 透明度建设

每年交“成绩单”，签约方须定期报告 ESG 实践进展。比如，报告在清洁能源领域的投资规模，以及在推动企业减排方面所取得的实际成效。

（三）结论

近年来，中国签署 PRI 的机构数量呈现出显著的增长态势。自 2017 年 PRI 组织正式进入中国开展工作以来，越来越多的中国机构认识到负责任投资的重要性，并积极加入其中。截至 2024 年，中国签署 PRI 的机构数量已超过 150 家，涵盖了多种类型的金融机构和企业。中国在这一方面呈现增长的趋势主要得益于中国的“双碳”目标与 PRI 理念高度契合。例如，联储证券股份有限公司将固收 ESG 策略本土化，开发联储证券中国城投债 ESG 整合评估模型，识别地方债务风险与绿色转型潜力；中国某保险公司推出“碳配额质押贷款保险”，通过金融工具创新支持企业低碳转型；通过投资亚洲、非洲的金融科技与清洁能源项目，惠及无银行账户人群，并在巴基斯坦降低了 30% 的交通碳排放；某集团开发“碳矩阵”系统，利用区块链技术追踪供应链碳排放，为中小企业提供绿色信贷；国家电网有限公司优化电网调度效率，年减碳排放量1 200 万吨；等等。

PRI 的本质是一场“资本的觉醒”——它证明经济效益与社会价值并非零和博弈，而是螺旋上升的双生体，未来的赢家不是最大胆的投机者，而是最深刻的变革者。随着 PRI 签约方突破 5 000 家，全球资本正从“被动合规”走向“主动创造”。2025 年，PRI 全球峰会重返亚洲（东京站），其主题“从承诺到行动”恰如其分地指明了方向：唯有将 ESG 融入资本基因，构建数据透明、技术赋能、政策协同的生态系统，才能实现《巴黎协定》的 1.5 ℃目标，重塑人类与自然的契约关系。

七、社会责任投资

在过去，资本市场的主要目标是追求利润最大化，企业的社会责任通常被视为“锦上添花”而非“核心要务”。然而，随着全球环境问题加剧、社会不平等现象恶化、企业治理危机频发，投资者开始认识到：如果企业仅仅关注短期收益，而忽视 ESG 因素，长期而言可能带来更大的风险与不确定性。

（一）定义

社会责任投资是一种将 ESG 因素纳入投资决策的策略，旨在追求财务回报，同时推动社会公平、环境保护和可持续发展，实现经济效益与社会效益的双重目标。投资者通过选择符合特定社会和环境标准的企业或项目进行投资，它既考量投资的财务回报，也注重投资对社会和环境产生的影响。

（二）发展

宗教伦理起源（16 世纪）：一些宗教团体基于其道德和伦理准则，开始对投资行为进行筛选，避免投资于那些与宗教教义相悖的行业，如军火、烟草、博彩和色情行业等，这便是早期的道德投资形式，为后来 SRI 的发展奠定了思想基础。

社会运动推动（20 世纪）：20 世纪六七十年代的反战和民权运动促使投资者关注企业的劳工权益等问题。其中，抵制南非种族隔离政策的“撤资运动”成为标志性事件。

ESG 框架形成（21 世纪）：21 世纪，从 ESG 理念到 ESG 框架的逐步形成，将环境、社会和治理融入金融分析，为 SRI 注入了发展动力，推动其向更全面、更主动的投资策略演进。

SRI 的范畴广泛，包括但不限于以下四个方面：一是环境可持续性，投资于可再生能源、清洁能源、环保技术等领域，支持企业减少对环境的负面影响；二是社会公平与正义，关注企业在员工权益保护、劳动条件改善、促进社会平等方面的表现；三是公司治理，重视企业的治理结构、道德规范和透明度，确保企业的决策和运营符合社会利益；四是可持续发展目标，与联合国发布的可持续发展目标相契合，投资于有助于实现这些目标的企业和项目。

（三）理论基础

SRI 理论认为，投资者在进行投资决策时，不应只关注企业的财务表现，还应综合考虑企业的社会责任履行情况。这一理论的核心依据在于，企业的社会责任表现与财务表现之间存在着紧密的联系。一方面，积极履行社会责任的企业往往能够赢得良好的社会声誉和公众信任，从而提升品牌形象和市场竞争力，为企业带来长期稳定的财务回报。例如，一家注重环境保护的企业，通过采用环保生产技术和减少污染物排放，不仅能满足社会对环保的要求，还能降低生产成本，提高产品的附加值，进而增强企业的盈利能力。另一方面，忽视社会责任的企业可能面临各种风险，如法律风险、声誉风险、市场风险等，这些风险可能对企业的财务状况产生负面影响。例如，一家发生严重环境污染事件的企业将面临高额的罚款、法律诉讼及消费者的抵制，导致企业的经济损失和市场份额下降。

企业社会责任理论强调企业作为社会的重要组成部分，不仅要追求经济利益，实现股东财富最大化，还应对其经营活动所产生的社会和环境影响负责。这一理论突破了传统的股东至上观念，认为企业的生存与发展离不开社会的支持和资源的供给，因此企业有义务回馈社会，促进社会的可持续发展。企业社会责任涵盖了多个方面，包括但不限于环境保护、员工权益保护、消费者权益保护、社区发展、公益事业等。在环境保护方面，企业应采取措施减少能源消耗和污染物排放，推动资源的循环利用，积极应对气候变化。在员工权益保护方面，企业应提供公平的薪酬待遇、良好的工作环境和发展机会，保障员工的合法权益，促进员工的身心健康和职业发展。在消费者权益保护方面，企业应确保产品和服务的质量安全，提供真实准确的信息，尊重消费者的知情权和选择权。在社区发展方面，企业应积极参与社区建设，支持当地的教育、文化、卫生等事业，促进社区的繁荣和稳定。在公益事业方面，企业应关注社会热点问题，积极参与慈善捐赠、志愿服务等活动，为解决社会问题贡献力量。

可持续发展理论是社会责任投资的重要理论基础，它强调企业必须在追求经济增长的同时兼顾社会和环境的可持续性，实现经济、社会和环境的协调发展，即所谓的“三重底线”原则。这一理论认为，企业的长期成功不只取决于财务业绩，还与企业对社会和环境的影响密切相关。可持续发展理论为企业提供了一个全面的发展框架，促使企业在追求经济利益的同时更加注重社会和环境的责任，实现企业与社会、环境的和谐共生。只有遵循可持续发展理论，企业才能在长期的发展中获得持续的竞争优势，实现自身的可持续发展。

（四）总结

打一个比方，SRI更像“健康饮食者”，不吃“垃圾食品”（不投资博彩等行业），专吃有机蔬菜（选择新能源方向）。SRI不仅是“做好事”，更是“做对事”。当企业将社会责任融入自身的DNA，投资者用资金投票，SRI的未来是“向善的经济学”。

当某资本用“社会价值ROI（Return On Investment，投资回报率）模型”证明每投入1元用于抗疫可带来7元经济回报，当某企业通过绿色供应链绑定全球客户，这些举措就说明了一个真理：社会责任不是负担，而是未来商业的通行证。未来的分水岭，在于能否将社会问题转化为商业模式——就像某企业通过员工保障计划降低流失率，就像某企业把助农做成千亿生意。这场变革的终极目标是让资本成为社会进步的杠杆，而非撕裂阶层的利刃。简单的社会价值ROI模型计算公式如下：

$$ROI=\frac{投资收益-投资成本}{投资成本}\times 100\%$$

八、影响力投资

（一）定义

影响力投资是一种新兴的投资理念与模式，它突破了传统投资单纯追求财务回报的局限，而将社会和环境目标纳入投资决策的核心考量范畴。国际金融公司（International Finance Corporation，简称“IFC”）和全球影响力投资网络（Global Impact Investing Network，简称“GIIN”）对影响力投资的定义得到了广泛的认可，即影响力投资是指机构或企业在进行投资活动时，不仅期望获取财务收益，还致力于创造可衡量的积极社会或环境影响。这意味着投资者在选择投资项目时，会综合评估项目在解决社会问题、改善环境状况等方面的潜力，以及其所带来的经济效益。

解决社会痛点的商业方案往往对应未被满足的市场需求。影响力投资的本质是资本对“义利共生”理念的实践探索。根据 GIIN 的定义，其必须同时满足四个核心要素：主观意图（主动寻求社会价值）、财务回报（不低于市场基准）、资产类别（覆盖股权、债券等）、影响度量（可量化评估）。这一框架打破了传统 ESG 投资的被动合规逻辑，证明社会效益与经济效益并非零和博弈。

影响力投资的发展历程见证了其逐步被市场认可和重视的过程。自 2007 年洛克菲勒基金会首次提出“影响力投资”概念以来，这一投资理念迅速在全球范围内传播开来。越来越多的投资者、金融机构和企业开始认识到，影响力投资不仅是一种社会责任的体现，更是一种具有巨大潜力的投资策略。通过投资于那些致力于解决社会和环境问题的企业和项目，影响力投资能够在为投资者带来财务回报的同时，推动社会的进步和环境的改善。

（二）双重目标

影响力投资最显著的特征之一就是兼顾财务回报与社会环境效益。投资者在进行投资决策时，会综合考虑项目的经济效益和其对社会、环境的积极影响。这一特征使得影响力投资区别于传统的商业投资和纯粹的公益慈善投资。传统商业投资主要关注财务收益的最大化，而公益慈善投资则侧重于社会公益事业，通常不追求经济回报。影响力投资试图在两者之间找到平衡，通过市场机制解决社会和环境问题，实现经济效益与社会效益的双赢。

因此，影响力投资者通常具有强烈的社会责任感，他们希望通过自己的投资行为推动社会进步和环境改善。这种社会责任感驱使他们积极寻找那些能够产生积极社会和环境影响的投资机会，并愿意为实现这些目标付出努力。

但是，影响力投资通常需要以长期视角来评估项目的价值和影响。与短期投机性投资不同，影响力投资关注的是项目的长期可持续发展及其对社会和环境的深远影响。许多影响力投资项目旨在解决复杂的社会和环境问题，这些问题的解决往往需要较长的时间和持续的投入。例如，投资于教育领域的项目，可能需要多年时间才能看到学生素质的提升和教育公平的改善；投资于环保项目，也需要长期的努力才能实现生态环境的显著改善。因此，影响力投资者需要具备耐心和长期投资的理念，愿意为了实现长期的社会和环境目标而承受短期内可能发生的收益波动。

以投资于新能源汽车研发和生产企业为例，从技术研发、市场推广到形成规模效应，需要大量的资金投入和时间积累。在这个过程中，企业可能面临技术瓶颈、市场竞争等诸多挑战，短期内难以实现盈利。但从长期来看，随着技术的成熟和市场的认可，新能源汽车将逐渐替代传统燃油汽车，减少对化石能源的依赖，降低碳排放，对环境保护和可持续发展产生深远的影响。影响力投资者正是基于对这一长期趋势的判断，愿意在早期阶段投入资金，支持新能源企业的发展。

（三）投资分布

在中国，与绿色转型相关的投资发展较快，能源、绿色技术等领域成为影响力投资的重点方向。随着中国对环境保护和可持续发展重视程度的不断提高，绿色产业迎来了巨大的发展机遇。影响力投资者纷纷将资金投入到可再生能源领域，如太阳能、风能、水能等领域，推动清洁能源的开发和利用，减少对传统化石能源的依赖，降低碳排放。在绿色技术领域，投资于环保科技企业，支持其研发和应用先进的环保技术，如污水处理、大气污染治理、固废处理等，改善生态环境质量。中国在新能源汽车领域的影响力投资也取得了显著成果，推动了新能源汽车产业的快速发展，促进了交通领域的绿色转型。

在日本，由于人口老龄化问题日益严重，注重应对老龄化的投资成为影响力投资的重要方向。例如，投资于养老服务设施建设，改善老年人的居住和生活条件；支持养老护理服务的发展，提高养老服务的质量和水平；推动老年医疗保健产业的创新，研发和应用适合老年人的医疗技术和产品；等等。这些投资有助于缓解人口老龄化带来的社会压力，提高老年人的生活质量，促进社会的和谐稳定。

在非洲国家，由于农业是经济的重要支柱，且面临着粮食安全等问题，影响力投资更多聚焦于农业领域。例如，投资于农业基础设施建设，改善农田灌溉、交通等条件，提高农业生产效率；支持农业科技创新，推广先进的种植技术、养殖技术和农业管理模式，提高农产品的产量和质量；助力农村金融发展，为农民提供信贷支持，解决农业生产资金短缺的问题；等等。这些投资对于促进非洲国家的农业发展，保障粮食安全，减少贫困具有重要意义。

（四）总结

解决社会痛点的商业方案往往对应着未被满足的市场需求。在现实生活中，环境污染、资源短缺、贫富差距等社会问题广泛存在，而这些痛点背后潜藏着大量的市场需求。以环保领域为例，随着公众环保意识的增强，对绿色产品和服务的需求呈现爆发式增长。企业若能针对这些痛点提出解决方案，不仅能够助力社会发展，还能开拓极具潜力的商业市场。

而影响力投资就是专门投资那些既能解决社会问题，又能带来经济效益的项目。过去，影响力投资被视为一小部分有情怀人士的“小众理想”，然而，随着社会的发展，各类社会问题日益受到广泛关注，人们的观念也在逐渐转变。越来越多的人认识到，单纯追求经济利益是不够的，投资还应兼顾对社会的积极影响。在这样的背景下，影响力投资逐渐从“小众理想”转变成被大众所认可的“大众刚需”，未来必将在经济发展中发挥更为重要的作用。

九、尽责管理

尽责管理，也被称为“积极所有权（Active Ownership）”，指的是机构投资者（包括资产所有者和资产管理者）通过充分发挥其影响力，对所投资企业进行负责任的监督和管理，旨在防范和管控潜在风险，并推动经济、社会及环境的长期价值创造。

作为 ESG 投资七大策略之一，尽责管理在股权投资、债券投资等多个领域发挥着至关重要的作用，具有显著的现实应用价值。尽责管理强调的是投资者在所有权上承担的责任，它要求投资者不仅是资本提供者，更是监督者和倡导者。在这一过程中，投资者通过与企业管理层和董事会的沟通，推动其改善在环境保护、社会责任、治理结构等方面的表现，进而促进企业的可持续发展。这种积极的所有权方式不仅能够有效管理和减少企业面临的 ESG 风险，还能够抓住与可持续发展相关的投资机会，提升企业的长期价值。

（一）尽责管理准则

2008 年全球金融危机后，英国对银行体系的公司治理问题进行了深刻反思，并通过研究得出结论：机构投资者的积极干预能够有效控制银行的过度风险行为，并防范潜在的银行系统危机。

基于这一认识，英国政府于 2010 年发布了第一版尽责管理准则，明确提出了机构投资者在参与治理时应履行的责任与义务。第一版尽责管理准则提出了如下七个准则。

1. 透明度与披露

机构投资者应当明确其在公司治理中的立场，公开其投票和决策过程，确保透明度。这有助于提升投资者对其行为的责任感，并确保公众和其他利益相关者能够了解其参与情况。

2. 长期投资

机构投资者应注重长期投资回报，而非短期的财务利益。机构投资者通过关注企业的长期战略和可持续发展目标，推动公司向更为稳健和可持续的方向发展。

3. 促进有效治理

机构投资者应当积极参与并促进被投资公司董事会的有效治理，包括提出合适的建议、监督管理层的决策，确保公司治理结构能够为长期利益最大化提供支持。

4. 投票权的行使

机构投资者应当积极行使其投票权，尤其是在关键的股东大会和决策时，确保这些决策符合可持续发展的长期目标。

5. 企业与投资者的互动

投资者应当与被投资公司建立并维持积极的对话，尤其是关于 ESG 议题和治理结构的讨论。这不仅有助于公司改进治理，还能帮助投资者更好地理解公司战略与风险管理。

6. 考虑环境和社会因素

机构投资者应当关注投资对象在环境保护、社会责任等方面的表现，将这些因素纳入其决策和投票内容。此举有助于推动公司在环保和社会责任方面进行积极改进，提升其长期竞争力。

7. 风险管理

投资者应帮助公司识别和管理风险，尤其是与环境变化、社会责任和公司治理等相关的长期风险。投资者应当评估这些风险，并推动公司采取相应的风险控制措施。

这些原则的核心在于推动机构投资者在行使所有权时更加负责任、更加透明，并促进长期价值的创造，而不只是关注短期的财务回报。这一准则为投资者提供了明确的行为指南，推动其成为更积极、更负责任的资本市场参与者。

2020 年，英国的第一版尽责管理准则经过了重要修订，新增了几个关键原则，整体扩展至 12 条原则，修订的核心目标是使尽责管理活动不是停留在监督和参与层面，而是更加注重实际成果的实现。

（二）股东参与

股东参与是尽责管理重要的一部分，主要有以下参与形式。

1. 投票决策与提案

投票权是股东参与公司治理的最直接方式。股东可以在公司年度股东大会或临时股东大会上行使投票权，支持或反对某些决议。此外，股东还可以提出议案。例如，关于公司治理、环境保护或社会责任的改进提案。

2. 多元沟通与交流

股东与公司管理层、董事会的沟通是其积极参与的另一种形式。股东可以通过定期的会议、电话会议、书面交流等方式，直接与公司管理层就公司的经营情况、战略方向及 ESG 事项进行深入讨论。

3. 报告监督与评估

股东可以要求公司在每个财年结束时提交详细的尽责管理报告，报告应包括股东的参与情况、采取的行动，以及这些行动带来的实际成效。

4. 独立董事提名推动

股东可以推动公司提名独立董事，确保公司治理结构的独立性与透明度，减少管理层可能存在的利益冲突。

5. 公开立场与联合倡议

股东可以通过公开信、声明或倡议，表达他们对公司环境、社会责任和治理的立场。这种方式可以影响其他股东、公司管理层和公众，促使他们采取联合行动。例如，多个股东联合发布声明，要求公司改进某些治理做法，或在社会责任和环保方面作出更积极的承诺。

6. 股东行动的主义实践

股东行动主义是指股东通过直接采取行动，迫使公司在决策过程中考虑特定议题或改变现有的经营方式。这通常发生在公司治理、战略方向、财务管理等方面，尤其是当股东认为现有管理层未能有效提升公司价值时。

7. ESG 标准推荐引导

股东可以建议公司采用更多的 ESG 标准，推动其加强对环境、社会等问题的重视。

股东参与风格通常取决于尽责管理团队的历史背景和专长，主要可分为自上而下和自下而上两种类型。

自上而下的方法通常由治理主导的团队采用，这类团队更注重通过高层管理和董事会的决策来推动变革。这种方法强调通过对整体战略和结构的引导，确保公司的长期治理方向符合股东的期望。相较之下，自下而上的方法多由专注于环境和社会问题的团队采用。这类团队通常会从公司运营的基层和具体业务入手，通过推动公司在具体领域的改进来实现更广泛的影响。这种方法侧重于通过与公司日常运营和基层管理层的互动来逐步推动改革。

近年来，随着投资者对可持续发展的日益重视，尽责管理作为一项关键的投资策略，已成为推动 ESG 投资和促进全球资本市场转型的重要力量。

十、ESG 信息披露

（一）国际 ESG 信息披露

国际化公司通常会存在多国经营、多地上市的情况，而企业并不会因为此类情况编制两份甚至多份 ESG 报告，因此，该类公司的 ESG 报告除了符合中国《指引》《指南》的要求外，可能还会参照全球报告倡议组织标准、国际可持续性标准委员会（International Sustainability Standards Board，简称“ISSB”）标准等。

GRI 标准强调“实质性”概念，要求企业聚焦于对其自身及利益相关者而言重要的议题进行披露。这些标准覆盖了经济、环境、社会和治理各个维度，并提供了详细的指标和披露指导。例如，企业必须披露温室气体排放量、劳工人权等关键数据，并详细描述相关的管理措施。这种标准旨在帮助企业全面展示其在可持续发展方面的行动和成效，同时为利益相关者提供透明的信息，支持决策过程。

ISSB 标准则侧重于 ESG 因素对企业财务表现的影响。具体来说，ISSB S1 要求企业披露与可持续性相关的财务信息，提供一般性的披露要求，而 ISSB S2 则专注于气候相关披露，要求企业评估并披露气候变化对财务状况、经营状况等方面的潜在影响。ISSB 标准旨在促使企业更加关注气候风险对其财务表现的影响，确保投资者能够准确评估这些因素对企业长期稳定性的作用。

这两套标准各有侧重点，但都强调了企业在披露过程中要考虑对其运营和财务的实际影响，确保提供的信息具有高透明度和可比性，从而推动全球市场向可持续发展转型。

虽然目前ESG报告强制披露仅针对上市公司，其他公司为鼓励披露，但绝大多数公司都属于上市公司供应链的一环，而供应链管理在社会议题里面具有举足轻重的地位，无法满足上市公司ESG要求的企业迟早会被踢出供应链。

（二）国内ESG信息披露

国内统一的可持续披露准则体系建设的总体目标是，到2027年，企业可持续披露基本准则、气候相关披露准则及应用指南相继出台；到2030年，基本建成国家统一的可持续披露准则体系，覆盖主要行业和领域，推动可持续发展信息披露的全面规范化。供应链企业ESG信息披露已迫在眉睫。

尽管部分地区和企业已经开展了ESG信息披露实践，但披露标准不统一，信息质量参差不齐，给投资者、债权人及监管部门带来了挑战。因此，建立统一、规范的可持续披露准则成为亟待解决的问题。

随着ESG理念和框架的形成与普及，国内监管层正逐步建立强制性的可持续信息披露体系，企业已无法回避对环境、社会和治理（ESG）议题的系统性回应。2024年5月1日正式实施的《上市公司可持续发展报告指引（试行）》，明确了可持续发展信息披露框架，并设置了21个议题（指对上市公司、经济、社会、环境及利益相关方产生影响的事项或因素）。（表1-1）

表1-1 《指引》议题表

维度	序号	议题
环境	1	应对气候变化
	2	污染物排放
	3	废弃物处理
	4	生态系统和生物多样性保护
	5	环境合规管理
	6	能源利用
	7	水资源利用
	8	循环经济

续表

维度	序号	议题
社会	9	乡村振兴
	10	社会贡献
	11	创新驱动
	12	科技伦理
	13	供应链安全
	14	平等对待中小企业
	15	产品和服务安全与质量
	16	数据安全与客户隐私保护
	17	员工
可持续发展相关治理	18	尽职调查
	19	利益相关方沟通
	20	反商业贿赂及反贪污
	21	反不正当竞争

《指引》要求，重要市场指数（包括上证 180、科创 50、深证 100、创业板指数）样本公司及境内外同时上市的公司，最迟必须在 2026 年首次披露 2025 年度《ESG 报告》。此外，其他上市公司也被鼓励开展 ESG 报告的披露工作。

在具体披露内容上，上市公司需遵循财务重要性和影响重要性双重重要性标准，评估并确定其应披露的议题。对于具有财务重要性的议题，《指引》要求上市公司应当围绕“治理”“战略”“影响、风险和机遇管理”“指标与目标”四要素内容进行披露。

1. 双重重要性

财务重要性：议题是否预期在短期、中期和长期内对企业的商业模式、业务运营、发展战略、财务状况、经营成果、现金流、融资方式及成本等产生重大影响。表现为外部成本内部化。

影响重要性：企业在相应议题的表现是否会对经济、社会和环境产生重大影响。表现为经济的外部性。

披露主体应当从财务重要性和影响重要性两个方面对议题的重要性进行判断，并根据议题的重要性评估情况，按照《指引》规定采用不同的披

露框架。（表 1-2）

表 1-2 《指引》议题披露要求

类别	是否具有财务重要性	是否具有影响重要性	披露要求
《指引》设置的 21 个议题	是	是/否	“治理”“战略”“影响、风险和机遇管理”“指标与目标”四要素内容，以及《指引》对具体议题的规定
	否	是	《指引》对具体议题的规定
	否	否	可不披露，但应当解释说明原因
公司自主识别出的其他议题	是	是/否	“治理”“战略”“影响、风险和机遇管理”“指标与目标”四要素内容，以及《指引》第十四条第三款的规定
	否	是	《指引》第十四条第三款的规定
	否	否	无需披露

2. “治理”“战略”“影响、风险和机遇管理”“指标与目标”四要素

治理：公司用于管理与监督可持续发展相关影响、风险和机遇的治理结构和内部制度。具体来说，指公司如何在组织结构和决策过程中融入可持续发展理念，确保治理层对可持续性目标的承诺和行动。

战略：公司应对可持续发展相关影响、风险和机遇的规划、策略和方法。具体来说，指公司在实现可持续发展方面的战略方向和实施计划，特别是在环境、社会责任和治理等领域的战略布局。

影响、风险和机遇管理：公司用于识别、评估、监测与管理可持续发展相关影响、风险和机遇的措施和流程。具体来说，指公司如何设定并跟踪可持续发展目标，使用量化指标评估进展情况，确保持续改进并达成预定的可持续发展成果。

指标与目标：公司用于计量、管理、监督、评价其应对可持续发展相关影响、风险与机遇的指标和目标。具体来说，指公司如何识别、评估和管理与可持续发展相关的风险与机遇，确保这些因素对公司长期发展产生积极影响。

《指引》中可持续发展信息披露框架的实施将促进上市公司在可持续发展领域的透明度和责任感，帮助他们在全球竞争中脱颖而出，同时也为投资者和社会各界提供更为清晰的信息，从而推动经济的绿色、可持续转型。

十一、ESG 评级

如果将企业披露 ESG 信息比作交了一份试卷，那么 ESG 评级就相当于考官给这份试卷的评分。

ESG 评级，即对企业在环境、社会和治理三大领域的表现进行评估，用一套方法将 ESG 理念落地的效果以评级、评分等形式直观呈现出来，是一种由独立第三方机构对企业可持续发展表现进行综合评估的工具。通过这一工具，企业可以了解自身在可持续发展方面的表现，同时这一工具也能帮助投资者和其他利益相关方更好地评估企业的非财务表现。

（一）分类

ESG 评级一般分为主动评级和被动评级，且以被动评级居多。

1. 主动评级

主动评级，是指企业主动向评级机构提交其 ESG 信息或自愿参与评级过程。

在数据收集方面，评级机构除了分析企业公开披露的信息之外，还会通过问卷调查等形式，邀请企业主动上传相关内部文件和补充材料。企业需自愿提交其环境、社会和治理相关的详细数据，内容涉及能源使用、碳排放、废弃物管理、供应链责任、员工的福利待遇、职业发展、培训、健康与安全的投入、公司治理结构等多个维度。

信息提交后，在一定反馈期内，企业和评级机构一起确认信息的准确性和完整性。

主动评级侧重于企业自愿提供的详细信息，强调透明度、系统性、外部审查和目标设定，企业可以主动展示其在 ESG 方面的努力和成效。

2. 被动评级

被动评级，是指企业不主动提交其 ESG 信息，而是由评级机构根据公开的资料和数据进行评估。其信息分析主要基于公开渠道的内容，通常包括公司年报、ESG/可持续发展报告、公司官方网站，以及来自政府、权威媒体等的专业信息。

评级机构主要依靠公开的资料和第三方报告，评估企业在环境、社会和治理方面的表现。然而，受限于企业信息的公开程度，被动评级可能存在信息不全面或不及时的情况。

（二）国内外主流ESG评级体系

1. MSCI ESG Ratings

MSCI ESG Ratings是由摩根士丹利资本国际（Morgan Stanley Captical International，简称“MSCI”）提供的一种衡量公司环境、社会和治理表现的工具，是全球最具影响力的评级体系之一。MSCI ESG Ratings使用全球七级制进行分级，从AAA（最高ESG评级）到CCC（最低ESG评级）。这种评级方式反映了企业在各个ESG因素上的表现，评级标准如下。

AAA：在同行业中，企业在ESG表现上处于领先地位，且在环境、社会和治理方面有极好的风险管理和机会把握能力。

AA：企业在ESG方面表现优异，虽然不一定是行业领导者，但在管理和机会识别方面非常有竞争力。

A：企业在ESG方面表现良好，但可能在某些领域存在轻微的改善空间。

BBB：企业的ESG表现中等，存在一定的风险，且有改进的空间。

BB：企业的ESG表现较差，面临显著的风险，可能需要采取重大改善措施。

B：企业在ESG领域存在严重问题，面临高风险，可能需要立即采取行动。

CCC：企业在ESG领域的表现极差，面临重大风险，可能对企业的长期可持续性构成威胁。

MSCI ESG Ratings有三大特点：行业划分、权重设置与赋分机制。

根据全球行业分类标准（The Global Industry Classification Standard，简称“GICS”），MSCI ESG Ratings将企业分为11大类、25个行业组别、74个行业和163个子行业，并按照不同行业中各议题的风险，为各项核心议题分配5%至30%的权重。比如能源公司环境议题的权重比较高，科技公司治理议题的权重会比较高。MSCI ESG Ratings的赋分机制依赖于各个行业和公司在每个ESG维度的表现。MSCI会对每个维度进行单独评分，然后根据权重进行加权，最终得出一个综合评级。

MSCI ESG Ratings 同样强调在同行业中的比较，评判企业的 ESG 表现时不仅考虑其绝对水平，还着重于企业相对于同行的表现。

MSCI 具有较强的行业细分能力，能够提供针对不同行业、不同规模公司和不同地区的定制化评级。这意味着它能够为投资者提供更细化、更具体的行业标准，有助于理解企业在同行中的相对竞争力。

2. Sustainalytics ESG Risk Ratings

Sustainalytics 隶属于晨星公司（Morningstar），是全球广泛认可的 ESG 评级机构之一。Sustainalytics ESG Risk Ratings 旨在评估企业在环境、社会和治理三个领域的风险管理能力，帮助投资者了解企业面临的 ESG 风险，以及企业在管理这些风险时的表现。因此，Sustainalytics ESG Risk Ratings 主要通过风险评分系统来反映企业在 ESG 方面的表现。

Sustainalytics ESG Risk Ratings 分为低风险和高风险两类，并根据企业在各个维度的表现，将其划分为不同的评分等级。评级通常会根据公司的 ESG 风险暴露度和管理能力进行衡量，赋予每个公司特定的评分，评分范围如下。

0—10 分：极低风险（优秀表现）

11—20 分：低风险（良好表现）

21—30 分：中等低风险（有改善空间）

31—40 分：中等风险（需要采取改进措施）

41—50 分：中高风险（需要显著改进）

51—60 分：高风险（面临较大风险，需立即采取措施）

60 分以上：极高风险（面临极大风险，急需改进）

Sustainalytics ESG Risk Ratings 同样非常注重行业特定的风险评估。由于不同行业面临的 ESG 风险具有显著差异，Sustainalytics 会根据行业特征对企业的评级进行调整。然而，Sustainalytics 提供的 ESG 风险评分系统较为统一，不同企业的评分标准相对一致，不如 MSCI 那样在行业细分和标准定制化方面具有优势。

3. FTSE Russell ESG Ratings

FTSE Russell（富时罗素）是伦敦证券交易所集团旗下全球领先的指数

提供商之一。FTSE Russell ESG Ratings 采用了一种基于数字评分和字母等级的混合系统。企业会在环境（Environmental）、社会（Social）和治理（Governance）三个维度上获得单独的评分，然后汇总成总评级。评分的范围通常是 0 到 5，其中 5 分代表最佳表现，0 分代表最差表现。

FTSE Russell ESG Ratings 会根据行业的具体情况对各个公司进行针对性的评估。其评级标准较为广泛，但在行业细分方面略显不足，特别是对于新兴行业或快速发展的企业，FTSE Russell 的定制化评分可能会有所滞后。

4. 华证 ESG 评级体系

华证 ESG 评级体系由上海华证指数信息服务有限公司推出。华证 ESG 评级体系包括两个核心部分：ESG 评级和 ESG 尾部风险。在 ESG 评级方面，该体系涵盖一级指标 3 个、二级指标 16 个、三级指标 44 个，底层数据指标超过 300 个。与境外市场的评级体系相比，华证 ESG 评级体系在指标设计上更贴合国内的实际情况，融入了如信息披露质量、证监会处罚、精准扶贫等更加符合中国发展阶段的评估维度。

底层数据指标按照行业权重矩阵进行加总，这种自下而上的方法使得最终的 ESG 评分更具针对性且更精准，最终得到的评级范围从 AAA 到 C，分为 9 个等级。

ESG 尾部风险部分更加侧重于负面信息的监控，主要通过对公司潜在风险和不良信息的追踪，将公司尾部风险方面的状况分为严重警告、警告、关注和低风险四类。这一部分的重点是识别和预警可能对企业产生重大负面影响的风险因素，尤其是通过对公司监管处罚、舆情问题等方面的持续关注，帮助投资者及企业提前识别潜在的经营风险。

总体来看，华证 ESG 评级体系在国内 ESG 发展过程中发挥了独特的作用，通过细致的指标设置和针对性的风险监控，为市场提供了更加符合中国市场特点的可持续发展评价工具。

5. 商道融绿 ESG 评级体系

商道融绿是中国领先的绿色金融和责任投资专业服务机构，专注于为客户提供责任投资与 ESG 评估、绿色金融咨询等服务。作为中国责任投资论坛的发起者，商道融绿致力于推动中国资本市场的责任投资发展。商道融绿 ESG 评级体系覆盖全部中国境内上市公司港股通中的香港上市公司，以及主要的债券发行主体。其评级体系包括 3 个主要维度，4 个核心议题，200 多个具体指标，数据来自超过 700 个数据点。评级结果以满分 100 分呈现，评分等级从 A + 到 D，共有 10 个等级。

6. Wind ESG 评级体系

Wind（万得）ESG 评级体系由两部分组成：管理实践评分（总分 7 分）和争议事件评分（总分 3 分），并给出“AAA—CCC”的 7 档评级。其中，管理实践评分反映公司长期 ESG 管理水平，通过 ESG 3 个维度的得分加权计算，涵盖 3 个维度、29 个议题和 500 多个具体指标；争议事件得分则反映公司面临的短期突发事件风险，依据新闻舆情、监管处罚和法律诉讼等三大来源的事件加权计算得分。

（三）结语

ESG 评级本质上是一种价值观的体现，因此不同评级机构的评估结果通常有所不同。这种差异实际上反映了各评级机构在评估过程中对不同议题的重视程度、指标选择的独特考量、定性数据处理的偏好及对公司风险的分析框架等方面的差异。因此，建立一个统一且客观的标准是非常困难的。

虽然各机构对高评级公司的评判存在一定差异，但在对低评级公司的评估上，它们的判断通常具有相对较强的一致性，这可能是因为低评级公司往往更容易发生争议事件或其他负面情况，导致评级结果的一致性较强。

总体来说，几乎没有一家公司能够在所有评级机构中都排进前 20%，但有公司很容易出现在所有评级机构的后 20%。这种现象反映了 ESG 评级的复杂性及其与企业实际风险的密切关系。

ESG 评级不仅是一份企业报告，它更是市场、投资者、消费者等各类利益相关方对企业整体健康状况的综合评估。在这种大环境下，企业若想在竞争激烈的市场中脱颖而出，优异的 ESG 评级无疑是一种重要的“硬通货”。

十二、ESG 鉴证

我们都知道，企业的财务报告需要定期进行审计，以确保数据的可靠性。在上一节我们提到，企业 ESG 评级中会涉及非常多的数据点支撑，那么如何确保这些 ESG 数据是真实和可靠的呢？ESG 鉴证应运而生。ESG 报告的鉴证也是让企业的 ESG 数据从自我报告转变为经独立验证数据的重要过程。

（一）定义

ESG 鉴证是指由独立的第三方机构对企业提供的 ESG 数据进行审查和认证的过程。其目的是验证数据的准确性、完整性和一致性，以增强投资者和监管机构对企业 ESG 表现的信心。

国际审计与鉴证准则理事会（The International Auditing and Assurance Standards Board，简称“IAASB”）对 ESG 鉴证的定义是，鉴证服务提供方就某个鉴证对象（例如可持续发展报告、社会责任报告或 ESG 报告中披露的关键数据）依据鉴证工作准则陈述一个结论，用以增强除了该对象责任方以外的预期使用者对该鉴证对象产出结果的信任程度。

（二）必要性

在中国，ESG 鉴证目前并非法律强制要求，仅有部分地方政府出台政策，积极鼓励企业对 ESG 报告进行独立鉴证。但在全球范围内，ESG 报告的监管要求正日益趋严，越来越多的国家和地区出台法律法规，要求企业提供符合标准的 ESG 报告，并要求这些报告经过第三方独立鉴证。这种合规压力直接推动了 ESG 鉴证的普及和发展。

欧盟在 2024 年起实施的《企业可持续发展报告指令》（*Corporate Sustainability Reporting Directive*，简称“CSRD”）对 ESG 报告的要求进行了大幅升级，特别是对大型企业的要求更加严格。为应对 CSRD 在可持续发展信息披露及相关鉴证要求方面的严格规定，欧洲审计监督机构委员会于 2024 年 9 月底发布了《可持续发展报告有限鉴证指南》，该指南旨在帮助企业和审计机构在满足新的法规要求的同时，提供清晰、透明的报告框架，并确保可持续发展数据的可靠性和准确性。

美国证券交易委员会（United States Securities and Exchange Commission，简称“SEC”）也在考虑进一步加强对企业 ESG 披露的要求，尤其是在气候变化相关风险披露方面。根据 SEC 的规定，符合特定条件的企业，其气候相关信息披露必须提交经过第三方鉴证的报告。鉴证过程应遵循国际公认的标准，以确保披露内容的准确性、可靠性和可比性。

ESG 鉴证不仅是合规的需求，更是资本市场竞争力的重要体现。企业若无法提供可靠的 ESG 数据，将面临融资成本的增加，甚至可能失去投资者的青睐。此外，主要的 ESG 评级机构，如 MSCI、Sustainalytics 等，已经将第三方鉴证作为评估企业 ESG 表现的重要组成部分。这些机构根据企业的 ESG 报告及其鉴证结果，为企业赋予相应的 ESG 评级，而这一评级直接影响到企业的融资成本。企业如果未能通过第三方鉴证，可能面临 ESG 评级下降，进而导致融资成本上升。

除了监管和资本市场的推动外，供应链中的企业也在日益加强对 ESG 鉴证的要求，特别是在全球化供应链日益复杂的背景下。大型企业希望通过第三方鉴证确保其供应商在环境保护、社会责任和治理结构方面达到一定标准。

（三）鉴证标准

在 ESG 鉴证领域，全球资本市场正面临着标准多元化的现实困境。当前国际社会尚未建立普适性准则框架，企业应根据其所属行业、上市地区及相关利益方的需求，灵活选择合适的标准或标准组合进行适配。（表 1-3）

表 1-3 主流的 ESG 鉴证标准

鉴证标准	标准特点
ISSA 5000	ISSA（International Standard on Sustainability Assurance）5000 由 IAASB 发布，适用于任何鉴证从业者（含非财务专业人士），强调原则和结果，而非具体的程序或步骤。其充分考虑了与主流披露框架的兼容性，能够有效支持基于 ISSB、GRI、CSRD 等多元标准体系编制的可持续发展报告鉴证需求。主要特征是同时涉及有限保证和合理保证业务，可以视作 ISAE 3000 的“进化版”

续表

鉴证标准	标准特点
ISAE 3000（修订版）	ISAE（International Standard on Assurance Engagements）3000（修订版）同样由 IAASB 发布，在 ISSA 5000 最终版发布之前被广泛采用。该标准旨在为非财务信息鉴证提供全球性准则，为 ESG 报告的鉴证工作提供框架和指引，强调鉴证过程中的独立性、专业性和系统性。 ISAE 3000（修订版）覆盖了多个鉴证领域，包括对内部控制有效性的鉴证、可持续性报告的鉴证，以及可能的未来综合报告的鉴证等。该标准同样对合理保证和有限保证鉴证工作作出了相关指导，帮助理解这两种不同保证水平的应用
ISAE 3410	ISAE 3410 也由 IAASB 发布，专门针对可持续发展报告中的温室气体（Greenhouse Gases，GHGs）排放核算与报告进行鉴证。该标准提供了对温室气体排放数据进行独立鉴证的框架，旨在确保报告中的数据准确、可靠，并符合相关标准和法规要求。 ISAE 3410 适用于企业在报告环境影响时的排放数据和管理方法，尤其注重数据采集、计算、报告过程中的透明度和一致性。它为各类组织提供了一个公正、系统的鉴证程序，确保温室气体排放报告的可信度与准确性。ISAE3410 也涵盖了合理保证和有限保证两种鉴证业务类型
AA1000AS	AA1000 AS（AA1000 审验标准）是由英国社会与伦理责任研究所（Institute of Social and Ethical Accountability，简称“ISEA”）发布的一项标准，旨在评估和提高组织在社会、环境及经济层面上的可持续性表现。该标准强调利益相关方的参与和透明度，关注组织如何有效管理和报告其可持续性事务，尤其是对利益相关方的承诺和回应。AA1000AS 提供了一个全面的框架，用于审验组织在可持续发展过程中的管理体系、报告质量及对相关方的沟通效果。该标准通过对组织实践的独立审验，帮助提高其社会责任和可持续性报告的可信度，确保其在实现长期可持续发展目标中的透明度和有效性
ISO 14064－3：2019	ISO 14064－3：2019 与 ISAE 3410 类似，主要针对温室气体排放信息的审核与鉴证。它涵盖了温室气体相关信息的审核鉴证指南、鉴证机构的要求，以及鉴证团队的专业能力要求等内容
GRI、SASB 指标等	企业自行选择的标准，可以结合行业特性定制鉴证范围

由此可以看出，目前对 ESG 报告的鉴证可以分为仅对温室气体排放部分的鉴证、仅对整个 ESG 报告的鉴证及二者相结合的鉴证。

（四）鉴证步骤

ESG 鉴证的步骤与绝大多数体系审核步骤一致，可以简单分为以下四部分。

1. 确定鉴证范围

在确定鉴证范围时，企业应与鉴证机构充分沟通，明确需要鉴证的数据和信息范围。例如，一些企业可能希望对所有 ESG 相关绩效指标进行全面审查，而其他企业可能只专注于某些关键领域，如水资源管理或劳工权益。通过明确范围，企业不仅能够聚焦于最重要的部分，还能够确保鉴证工作的高效性和针对性。

2. 选择适当的鉴证标准

选择适当的鉴证标准至关重要。企业应根据行业特点、报告框架和具体需求来选择标准。合理选择标准不仅能够确保数据的专业性和一致性，还能够为报告提供更高的透明度。例如，ISSA 5000 作为独立标准，适合那些希望通过高可信度的报告赢得投资者和公众信任的企业。

3. 选择合适的鉴证机构

在与鉴证机构合作的过程中，企业需要提供必要的 ESG 数据、内部控制流程和相关文件。这些文件不仅包括温室气体排放或碳足迹数据，也可能涉及公司如何管理资源、如何处理社会责任等方面。鉴证机构通常会通过抽样调查、现场访问和第三方数据验证等手段，确保报告的数据准确、可靠，避免任何潜在的偏差或错误。

4. 获取鉴证报告

一旦鉴证工作完成，企业将获得一份独立的鉴证声明，这份声明可以作为企业 ESG 报告的一部分对外发布。通过发布该声明，企业向投资者、监管机构及其他利益相关者证明其在 ESG 领域的透明度、承诺和成效。这不仅增强了企业的信誉度，也有助于企业在日益重视可持续发展的市场环境中脱颖而出。

第二章　E：环境

一、地球边界

（一）概念的提出与发展

“地球边界”的概念最早由德国波茨坦气候影响研究所所长约翰·罗克斯特罗姆（Johan Rockstrom）及其团队于 2009 年提出。这一概念旨在通过 9 个关键指标来评估地球生态系统的健康状况，从而判断人类活动是否超出了地球的承载能力。这 9 个关键指标包括气候变化、新型实体污染（如微塑料、核废料、杀虫剂等人造化合物）、臭氧消耗、大气污染（大气气溶胶负荷）、海洋酸化、淡水变化、土地系统变化、生物多样性丧失及生物地球化学流动。

这些指标不仅反映了地球生态系统的各个关键方面，还揭示了它们之间复杂的相互作用关系。罗克斯特罗姆等人认为，人类可以在这些边界内继续发展和繁衍，但一旦这些指标超出安全范围，地球生态系统将面临大规模、突发性或不可逆转的环境变化风险。尽管这些变化可能不会在一夜之间发生，但边界的突破无疑标志着生态系统风险的增加。因此，理解这些边界之间的相互作用，尤其是气候变化与生物多样性丧失之间的关系，对于推动可持续发展至关重要。

（二）现状：6 个边界已被突破

自 2009 年“地球边界”概念被提出以来，科学家们不断更新和评估这些指标的状态。2009 年，首次评估显示有 3 个关键指标超出了安全范围。

2015 年，更新后的报告指出，超出安全范围的关键指标增加到了 4 个。到 2023 年 9 月，《科学进步》发表了该框架的第三次重大更新，结果显示，9 个地球边界中已有 6 个被突破。这 6 个被突破的指标分别是生物多样性丧失、气候变化、新型实体污染、生物地球化学流动、土地系统变化和淡水变化。

在这 9 个关键指标中，只有 3 个指标的数值仍然保持在安全范围内：海洋酸化、大气污染和臭氧消耗。然而，海洋酸化和大气污染的数值已经接近临界点，只有臭氧层的健康状况仍然相对稳定，保持在安全运行区域内。

在 6 个被突破的边界中，生物多样性丧失的状况最为严峻。生物多样性是支撑地球生命维持系统的关键支柱之一。科学家通过控制变量的方法测算得出，早在工业革命时期，地球的生物多样性就已经开始遭到破坏，物种灭绝的速度显著加快。罗克斯特罗姆对此表示担忧，他将地球比作一个健康状况不佳的病人，其“血压”值已远远超出了正常范围。虽然这并不意味着地球会立即面临灾难性的后果，但无疑大大增加了生态系统崩溃的风险。

尽管如此，罗克斯特罗姆和他的团队仍然保持乐观态度。他们认为，尽管地球边界的突破带来了巨大的挑战，但我们现在已经有了准确的衡量标准，并且明确了问题的根源。只要全球共同努力，仍然有可能扭转这一趋势，打赢这场地球保卫战。

（三）地球边界突破带来的全球影响

1. 全球气温上升的威胁

全球气温的上升是地球边界突破带来的最直接、最严重的后果之一。根据《巴黎协定》，全球气温较工业革命前上升的幅度应控制在 1.5℃以内。然而，罗克斯特罗姆指出，如果人类不采取任何行动，全球气温将上升 2—3℃，这将带来灾难性的后果。

一旦全球气温上升超过临界点，格陵兰岛的冰盖可能会大规模融化，导致海平面大幅上升。此外，北大西洋的洋流也可能因此变得紊乱，进而影响全球多个地区的降雨模式。这些变化将对全球数十亿人的粮食生产活动产生深远影响，尤其是在依赖农业的发展中国家。

2. 区域性生态系统的崩溃

除了全球性的气候变化，区域性生态系统的崩溃也是地球边界突破带来的严重后果之一。澳大利亚的大堡礁、亚马逊的热带雨林、南极的永久冻土及北极的浮冰等关键生态系统都面临着崩溃的风险。这些生态系统的崩溃不仅会导致生物多样性的进一步丧失，还会对全球气候系统产生连锁反应，加剧全球变暖的趋势。

3. 人类生产生活的影响

地球边界的突破不仅对自然环境产生了深远影响，也给人类的生产和生活带来了直接的经济和社会后果。波茨坦气候影响研究所与欧洲央行联合发布的一份报告显示，2022年夏季的极端高温天气导致欧洲大陆的食品价格上涨了0.67个百分点。根据预测，到2035年，极端天气对食品价格的影响还将增加50%以上。此外，受全球气候变暖影响，农作物减产将导致粮食价格每年上涨3%以上。

该报告还分析了121个国家的月度消费者价格指数，并与过去30年的历史气候数据进行了对比。数据显示，2022年夏季的极端热浪导致玉米、向日葵、大豆等主要作物的产量下降了9%，欧洲的农业发展因此陷入停滞。

波茨坦气候影响研究所科学家、该报告的主要作者马克西米利安·科茨（Maximilian Kotz）指出，气温上升会导致通货膨胀加剧，尤其是在低纬度的炎热地区，如非洲东部的一些发展中国家。这些地区本就面临着严重的经济和社会挑战，气候变化的加剧将进一步加剧这些国家的贫困和不稳定。

4. 气候变化引发的社会动荡

气候变化不仅对经济产生了直接影响，还引发了社会动荡和区域冲突。例如，东非地区正经历40年来最严重的干旱，农业生产遭受毁灭性打击，导致100多万人流离失所。联合国警告称，粮食安全的极端风险正在加剧区域冲突和不稳定。即使在发达国家，气候变化也带来了严重的后果。例如，美国得克萨斯州等地的干旱灾害导致河流干涸、灌溉水源减少，极大地影响了当地的农业生产。

（四）应对地球边界突破的挑战

面对地球边界突破带来的严峻挑战，全球各国必须采取紧急行动。首先，各国政府应加强国际合作，共同应对气候变化和生物多样性丧失等全球性问题。其次，各国应加大对可再生能源的投资，减少对化石燃料的依赖，从而减少温室气体排放。此外，各国还应加强对生态系统的保护，恢复退化的土地和森林，保护濒危物种，维护生物多样性。

在个人层面，每个人都可以通过减少碳足迹、支持可持续生产和消费模式来为地球的可持续发展贡献力量。只有全球共同努力，才能有效应对地球边界突破带来的挑战，确保地球生态系统的健康和人类的可持续发展。

（五）结语

地球边界的突破标志着人类活动对地球生态系统的影响已经超出了其承载能力。尽管目前已有 6 个边界被突破，但我们仍然有机会通过全球合作和共同努力来扭转这一趋势。地球的未来掌握在我们手中，只有采取紧急行动，才能确保地球生态系统的健康和人类的可持续发展。

二、温室气体

（一）基本概念

温室气体是指大气中能够吸收并再次辐射红外辐射的气体。这些气体在地球的能量平衡中扮演着至关重要的角色，是导致温室效应的主要原因。温室效应使得地球表面温度上升，成为全球气候变化的主要驱动力。

温室效应可以分为自然温室效应和增强的温室效应。

自然温室效应是由于大气中存在自然产生的温室气体，如水蒸气和二氧化碳（CO_2）等，这些气体通过吸收和辐射红外线，使得地球表面的温度比没有这些气体时高出约 33 ℃，即从 −19 ℃上升到 14—15 ℃。这种自然的温室效应是地球生命得以维持的基础。如果没有自然温室效应，地球将变得极其寒冷，不适合生命存在。

增强的温室效应则是人类活动增加大气温室气体浓度，进而引起地表温度进一步上升的结果。虽然增强的温室效应在量值上比自然温室效应小得多，但其增暖作用对全球气候系统的影响极为显著。人类活动，如燃烧化石燃料、工业生产和农业活动等，大量排放二氧化碳（CO_2）、甲烷（CH_4）等温室气体，导致大气中这些气体的浓度急剧上升，从而加剧了温室效应。

尽管水蒸气对温室效应的贡献最大，但由于其在大气中的浓度相对稳定，且主要由自然过程控制，人为活动难以显著改变其含量，因此，对温室气体的研究通常集中在二氧化碳（CO_2）、甲烷（CH_4）、一氧化二氮（N_2O）等气体上。

（二）主要国际机构和文件对温室气体的定义

1.《联合国气候变化框架公约》

《联合国气候变化框架公约》（*United Nations Framework Convention on Climate Change*，简称“UNFCCC”）是应对全球气候变化的国际条约，于 1992 年在联合国大会上通过，并于 1994 年生效。UNFCCC 的最终目标是，“根据本公约的各项有关规定，将大气温室气体的浓度稳定在防止气候系统受到危险的人为干扰的水平上。这一水平应当在足以使生态系统能够自然地适应气候变化、确保粮食生产免受威胁并使经济发展能够可持续地进行的时间范围内实现”。

根据 UNFCCC 的定义，温室气体是指大气中自然存在或人为产生的能够吸收和重新放出红外辐射的气态成分，主要包括二氧化碳（CO_2）、甲烷（CH_4）、一氧化二氮（N_2O）、氢氟碳化物（HFCs）、全氟化碳（PFCs）和六氟化硫（SF_6）。

2.《京都议定书》

《京都议定书》（*Kyoto Protocol*）是 UNFCCC 的补充协议，于 1997 年通过，2005 年生效。该议定书为工业化国家和地区设定了 2008 年至 2012 年温室气体排放的具体减排目标。

根据《京都议定书》附件 A，温室气体包括二氧化碳（CO_2）、甲烷（CH_4）、一氧化二氮（N_2O）、氢氟碳化物（HFCs）、全氟化碳（PFCs）和六氟化硫（SF_6）。

3.《巴黎协定》

《巴黎协定》（*Paris Agreement*）于 2015 年通过，2016 年生效。该协定进一步加强了对温室气体排放的管控，旨在将全球平均气温升幅控制在 2 ℃ 以内，并努力限制在 1.5 ℃以内。

《巴黎协定》要求各国报告和减少二氧化碳（CO_2）、甲烷（CH_4）、一氧化二氮（N_2O）、氢氟碳化物（HFCs）、全氟化碳（PFCs）、六氟化硫（SF_6）和三氟化氮（NF_3）等温室气体的排放。

4. 政府间气候变化专门委员会

政府间气候变化专门委员会（Intergovernmental Panel on Climate Change，简称“IPCC”）发布的评估报告提供了关于气候变化的科学基础，并包含对温室气体的定义和影响的详细描述。

根据 IPCC 的定义，温室气体是指在大气中吸收和再次辐射红外辐射的气体。IPCC 在其《气候变化评估报告》中详细列出了主要的温室气体及其来源。

（三）种类及来源

1. 种类

温室气体的管控类别主要出自《京都议定书》。该文件规定了 6 种需要控制的温室气体，包括二氧化碳（CO_2）、甲烷（CH_4）、一氧化二氮（N_2O）、氢氟碳化物（HFCs）、全氟化碳（PFCs）和六氟化硫（SF_6）。2012 年通过的《多哈修正案》新增三氟化氮（NF_3）作为管控的温室气体。

2. 来源

（1）二氧化碳（CO_2）

CO_2 是最主要的温室气体之一，主要来源于化石燃料的燃烧，如煤、石油和天然气。电力、交通、制造业和建筑行业是 CO_2 排放的主要来源。此外，森林砍伐也会释放储存在树木中的碳，进一步增加大气中的 CO_2 浓度。

通俗解读：开车、用电、生产商品等活动都会间接释放 CO_2，它是“地球加热器”中的主力。

(2) 甲烷（CH_4）

CH_4 的温室效应是 CO_2 的20多倍，主要来源于农业活动（如牲畜反刍）、垃圾填埋场和天然气开采。牲畜在消化过程中会产生 CH_4，垃圾填埋场的厌氧分解也会释放 CH_4，而天然气泄漏则会直接排放 CH_4。

通俗解读：牛羊“打嗝”和垃圾腐烂会产生 CH_4，虽然排放量相对较少，但其温室效应极强。

(3) 一氧化二氮（N_2O）

N_2O 的温室效应极强，主要来源于农业、化工和交通行业。氮肥的使用导致土壤中的氮被微生物转化为 N_2O，部分化工生产和燃料燃烧也会释放 N_2O。

通俗解读：农田氮肥分解产生 N_2O，虽然排放量较少，但其温室效应极强，少量排放也会带来显著影响。

(4) 氢氟碳化物（HFCs）

HFCs 主要用于制冷剂，广泛应用于空调、冰箱等设备中。当这些设备泄漏或废弃不当时，HFCs 会排放到大气中。

通俗解读：空调、冰箱等家电中的制冷剂含有 HFCs，泄漏或处理不当会排放到大气中。

(5) 全氟化碳（PFCs）

PFCs 主要来源于铝冶炼和半导体制造行业。在铝电解和半导体制造过程中会产生 PFCs，这种气体在大气中存留时间极长，具有极强的温室效应。

通俗解读：电子产品制造和铝精炼过程中产生 PFCs，PFCs 被称为“长寿命”温室气体。

(6) 六氟化硫（SF_6）

SF_6 是一种高效绝缘气体，主要用于高压电力设备中。在设备运行或弃置时，SF_6 可能会泄漏到大气中。

通俗解读：电力设备的绝缘材料，若泄漏，温室效应极高。

(7) 三氟化氮（NF_3）

NF_3 主要用于电子工业，如半导体、LCD 和光伏面板的制造。在使用和生产过程中，若三氟化氮泄漏，会进入大气并产生温室效应。

通俗解读：清洗高科技设备的小气体，但泄漏会带来较强的温室效应。

（四）全球影响

温室气体的增加对全球气候系统产生了深远的影响。首先，温室气体的增加导致全球气温上升，进而引发极端天气事件，如热浪、干旱、暴雨和飓风等。其次，全球变暖还导致冰川融化、海平面上升，威胁沿海城市和岛屿国家的生存。此外，气候变化还对生态系统产生了严重影响，导致物种灭绝、生物多样性丧失等问题。

（五）应对温室气体排放的措施

为了应对温室气体排放带来的挑战，世界各国必须采取紧急行动。首先，各国政府应加强国际合作，共同制定和实施减排政策。其次，各国应提升对可再生能源的开发力度，降低化石燃料的使用比例，从而减少温室气体排放。此外，各国还应加强对生态系统的保护，恢复退化的土地和森林，保护濒危物种，维护生物多样性。

在个人层面，每个人都可以通过减少碳足迹、支持可持续生产和消费模式来为地球的可持续发展贡献力量。只有全球共同努力，才能有效应对温室气体排放带来的挑战，确保地球生态系统的健康和人类的可持续发展。

（六）结语

温室气体是导致全球气候变化的主要原因，其排放量的增加对地球生态系统和人类社会产生了深远的影响。尽管目前全球温室气体排放量仍在增加，但通过国际合作和个人努力，我们仍然有机会扭转这一趋势。只有采取紧急行动，减少温室气体排放，才能确保地球的未来可持续发展。

三、碳核算之 ISO 14064

国际标准化组织（International Organization for Standardization，简称“ISO”）于 2006 年 3 月 1 日发布了 ISO 14064 系列标准，并在 2018 年和 2019 年进行了相应的修订，以进一步优化和完善该标准的内容。

（一）ISO 14064 概述

ISO 14064 提供了一套全球一致的温室气体量化、报告与核查框架，旨在推动温室气体排放减少及交易。该标准增强了温室气体量化、监测、报告和验证的透明度、一致性与可信度，帮助组织识别并管理与温室气体相关的责任、资产和风险。通过有效管理温室气体相关的资产或负债，组织能够提升投资者、客户和消费者等利益相关者的信任。

该标准规定了国际上最佳的温室气体资料和数据管理、汇报和验证模式。人们可以通过使用标准化的方法，计算和验证排放量数值，确保 1 吨二氧化碳的测量方式在全球任何地方都是一样的。这使得排放声明不确定度的计算在全世界得到统一，最终用户群（如政府、市场贸易和其他相关方）可依靠这些数据并进行索赔。

简而言之，ISO 14064 作为一套温室气体量化、报告与验证的实用工具，旨在帮助企业准确量化、报告并控制其温室气体排放，实现排放减少，以应对温室气体管理的挑战。

（二）ISO 14064 组成部分

ISO 14064 共有以下三个部分，各部分之间的关系如图 2-1。

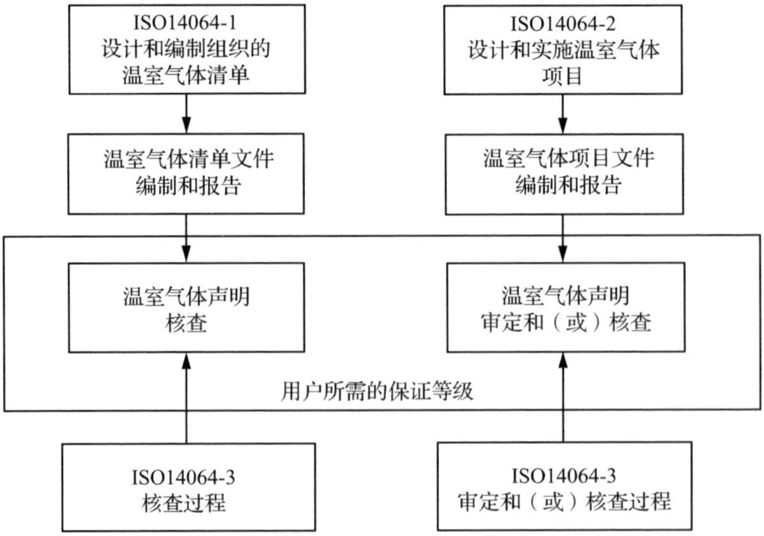

图 2-1　ISO 14064 各部分之间的关系

1. ISO 14064－1：组织层次上对温室气体排放和清除的量化与报告的规范及指南

ISO 14064－1详细规定了组织或公司在设计、开发、管理和报告温室气体清单时应遵循的原则和要求。该部分包括决定温室气体的排放边界、量化组织的温室气体排放与削减，以及鉴别组织为改善温室气体管理的特定措施或活动的要求事项。

ISO 14064－1还规定了几种核算温室气体排放的方法，包括基于活动数据的排放因子法、基于现场监测的直接测量法以及基于生命周期的分析方法（Life Cycle Assessment，简称“LCA”）。企业可以根据自身的运营模式和资源条件选择适合的核算方法，其中基于活动数据的排放因子法最为常用。

（1）基于活动数据的排放因子法

基于活动数据的排放因子法是一种常用的温室气体排放量计算方法，它通过将活动数据与排放因子相结合来估算排放量。

该方法的计算过程如下。

① 收集活动数据（Activity Data，简称“AD”）：获取与温室气体排放直接相关的活动或过程的量化数据，如电力消耗、燃料使用量、运输距离等，这些活动会直接或间接地导致温室气体的排放。

② 选择适当的排放因子（Emission Factor，简称“EF”）：排放因子是与特定活动或燃料类型相关的系数，表示单位活动量或单位能源消耗所产生的温室气体排放量。根据所涉及的具体活动或燃料，选择合适的排放因子。这些排放因子通常来源于国家、行业标准或国际研究。

2025年1月10日，生态环境部与国家统计局联合牵头建设的“国家温室气体排放因子数据库”第一版现已正式上线运行。该数据库作为我国碳排放统计核算体系的重要组成部分，将为社会各界提供温室气体排放因子基础数据支持，推动碳排放统计核算工作的开展。

③ 计算排放量：将活动数据与相应的排放因子相乘，得出温室气体的排放量。计算公式通常为

温室气体（GHG）排放＝活动数据（AD）×排放因子（EF）

这种方法的优点是简单易用，并且适用于无法获取直接排放数据的场景。通过合理选择活动数据和排放因子，组织能够较为准确地估算其温室气体排放量，帮助制定减排策略。然而，准确性依赖于排放因子的可靠性

以及活动数据的质量和完整性。

（2）基于现场监测的直接测量法

基于现场监测的直接测量法是一种通过在实际排放源或相关设施现场进行直接监测和测量来估算温室气体排放量的方法。这种方法依赖于专业的仪器设备，实时或定期地收集排放源的数据，以获得更加精确的排放量数据。

该方法包括以下几个步骤。

① 选择监测设备：根据排放源的特点和监测目标，选择适合的设备，如气体分析仪、排放流量计、烟道气体采样装置等。设备需要能够检测特定温室气体（如二氧化碳、甲烷、氮氧化物等）的浓度并提供实时或周期性的读数。

② 现场数据采集：在排放源处安装监测设备，直接测量排放气体的浓度、流量、温度等参数。根据排放源的不同，可能需要在多个时间点或多个位置进行测量，以确保数据的代表性和准确性。

③数据处理与分析：收集到的数据需经过处理，通常需要将气体浓度、流量等数据转换为排放量。计算过程中，可能需要考虑气体密度、排放源的运行条件（如温度、压力）等因素。

通过现场测量的数据，根据标准公式或方法计算出温室气体的排放量。计算公式通常为

$$排放量 = 浓度 \times 流量 \times 时间$$

直接测量法的优势是能够提供准确和实时的排放数据，尤其适用于需要精确核算排放量的场景。该方法减少了估算误差，因为它不依赖于排放因子，直接反映了排放源的实际情况。其劣势在于成本较高，需要定期进行设备维护和校准，还需要有专业技术人员来操作设备和分析数据。对一些难以接近或高风险的排放源，可能存在测量困难的情况。

基于现场监测的直接测量法在工业排放、能源消耗、废水处理等领域广泛应用，是保证温室气体排放监测准确性的重要手段。

（3）基于生命周期的分析方法

基于生命周期的分析方法是一种评估产品或服务在整个生命周期中对环境影响的方法。它不仅关注生产阶段，还涵盖了从原材料获取、制造、使用、运输、回收以及最终处置的所有阶段，旨在全面分析和量化温室气体排放、能源消耗、资源使用以及其他环境影响。

对于较为复杂的排放源，ISO 14064 -1 鼓励采用基于生命周期的分析方法，以更准确地量化产品或服务在整个生命周期中所产生的温室气体排放。这种方法不仅有助于企业深入了解产品的环境影响，还能够发现潜在的减排机会。

2. ISO 14064 -2：项目层次上对温室气体减排和清除增加的量化、监测和报告的规范及指南

ISO 14064 -2 主要关注那些旨在减少温室气体排放或促进温室气体清除的项目，如光伏发电或碳捕集与储存项目。它包括确定项目基线，同时规定了与基线相关的监测、量化以及报告项目绩效的原则和要求。

3. ISO 14064 -3：温室气体声明审定与核查的规范及指南

ISO 14064 -3 阐明了温室气体相关的确认或查证的过程，并规定了这些过程的要素，如确认与查证的规划、评估程序及对组织或计划的温室气体声明的评价。(图 2-2)

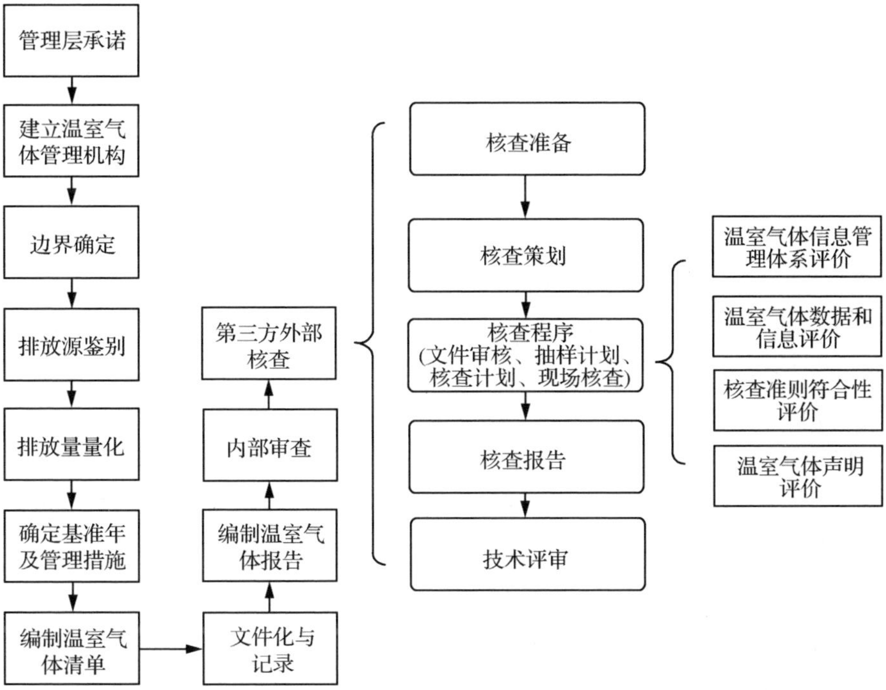

图 2-2 温室气体核查程序

标准还对温室气体清单的质量管理、报告、内部审查和外部验证责任等方面提出了明确的要求并提供了指导。

实施 ISO 14064 温室气体审定与核查对企业具有深远意义，不仅有助于推动企业实现可持续发展并履行环境责任，还能提升品牌形象和市场竞争力。通过 ISO 14064 认证，企业可以有效降低运营成本，减少因环保违规而面临的罚款和诉讼风险。此外，碳管理的实施为组织带来了显著增值。如通过管理碳资产与风险，优化资源利用，提升竞争优势，顺应市场对环保的要求，适应国际环保趋势，提升全球市场的合规性，为碳目标和碳中和策略制定量化基准，推动绿色转型。

通过以上措施，企业不仅能够提高品牌价值，还能提高投资人、合作伙伴等利益相关方的认可度。同时，企业能够展示其环境绩效，克服绿色贸易壁垒（如欧盟的产品环境足迹和电池法规），进一步巩固其在全球市场中的竞争力。

四、产品碳足迹

产品碳足迹（Carbon Footprint of a Product，简称“CFP”）被定义为产品生命周期内温室气体排放量和清除量之和，以二氧化碳当量（CO_2e）表示，并基于气候变化这一单一环境影响类型进行生命周期评价。通俗来讲，就是指某产品在其整个生命周期中，包括原材料获取、设计、生产、运输/交付、使用和生命末期处置处理等阶段，直接或间接产生的温室气体排放量。通过对产品碳足迹的量化，可以清晰了解产品在整个生命周期中的碳排放情况，帮助企业识别其碳排放的关键环节，从而采取有效的节能减排措施。

2024 年 10 月 1 日起，《温室气体 产品碳足迹 量化要求和指南》（GB/T 24067—2024，以下简称“《通则标准》”）正式实施，是中国官方的产品碳足迹核算指南，填补了国内产品碳足迹核算通用标准的空白，推动了产品碳足迹核算标准与国际标准的对接。在此之前，许多企业和机构主要参考了多个国际指南来进行产品碳足迹的评估，包括英国标准协会（British Standards Institution，简称“BSI”）发布的 PAS 2050、国际标准化组织发布的 ISO 14067、欧盟发布的产品环境足迹（Product Environmental Footprint，简称“PEF”），以及世界资源研究所（World Resourses Institute，简称

"WRI"）发布的《产品生命周期核算和报告标准》。这些标准和方法为全球范围内的产品碳足迹核算、产品生命周期分析及相关报告提供了框架和指南，帮助企业评估其产品和服务对环境的影响，并在此基础上推动可持续发展目标的实现。

以上国际标准各有侧重，但都强调量化和透明的环境数据报告的重要性，致力于提供一致、可比和可靠的指标，以便各类利益相关者，包括企业、政府和消费者，能够做出基于事实的决策，促进环境保护和资源节约。

《通则标准》主要借鉴 ISO 14067 标准，本书以《通则标准》为例来介绍产品全生命周期的碳足迹管理。

（一）适用范围

《通则标准》在制定产品碳足迹时，采用了与生命周期评价标准 GB/T 24040 和 GB/T 24044 一致的框架，明确了产品碳足迹的研究范围、应用场景、评估原则及量化方法等核心内容。该标准的重点是量化产品生命周期中直接与温室气体排放相关的部分，而不涉及其他潜在的环境影响，亦不涉及社会或经济方面的潜在影响。

此外，该标准明确指出，产品碳足迹的计算并不包括碳抵消措施。碳抵消是指通过植树造林、投资清洁能源项目等手段来弥补温室气体排放的做法。在产品碳足迹的评估过程中，不将碳抵消纳入其中，这也符合碳足迹计算的初衷，即专注于量化产品本身在生命周期中的碳排放，不考虑外部的弥补措施。

这些限制也意味着使用《通则标准》的产品碳足迹评估结果只能为环境政策提供某一方面的数据支持，不能涵盖产品的所有环境影响。企业在进行碳足迹管理时，仍需要考虑其他潜在的环境和社会影响因素，综合提升产品的可持续性。

（二）全生命周期

1. 原材料获取

原材料的获取过程是产品生命周期中碳足迹的重要来源。这一阶段通常伴随着能源消耗、土壤侵蚀和生物多样性损失等问题。以钢铁制造为例，矿石的开采、运输和冶炼过程会产生大量的二氧化碳排放。

2. 生产

产品的生产环节通常是碳足迹的另一个重要来源。在这一阶段，温室气体排放主要来自能源消耗，尤其是使用化石燃料进行高温加热和机械操作的过程。例如，电力、天然气、蒸汽等能源的消耗会直接导致温室气体的排放。电子产品的生产，如半导体制造过程中的电力消耗和化学物质使用都会对产品的碳足迹产生重大影响。

3. 运输/分销

运输和分销环节的碳排放主要来源于运输工具的燃料消耗。道路运输包括铁路运输和海运，运输过程中的燃料消耗都会直接增加产品的碳足迹。在跨国贸易中，国际运输特别是海运和航空运输对碳排放的贡献也不可忽视。与此同时，产品在仓储、包装和分销过程中也可能产生一定的温室气体排放。

4. 使用

产品使用阶段通常是碳足迹最大的阶段，尤其是高能耗的产品，如家用电器、交通工具等。例如，电动汽车、家用电器和空调等产品在使用过程中会消耗大量的电力，从而产生碳排放。在此阶段，产品的能效和使用模式是关键因素。采用清洁能源或提高能源使用效率是减少使用阶段碳排放的有效措施。

5. 生命末期处置

产品的废弃和回收阶段涉及产品寿命结束后的处置方式。若产品被送往填埋场，可能会产生甲烷等温室气体排放。而通过回收利用，可以减少资源的再利用需求，进而减少碳排放。例如，回收金属、塑料和纸张等材料可以显著减少新材料的获取和生产过程中的碳足迹。对于电子废弃物，回收处理可以避免有害物质的泄漏，并有效降低环境污染。

（三）产品碳足迹量化流程

1. 确定产品系统及功能

产品系统的基本性质取决于它的功能，而不能仅从最终产品的角度来表述。

2. 确定产品功能单位或声明单位

产品功能单位是指用来量化产品系统功能的基准单位。它通常与产品的性能、用途或服务量相对应。例如，对于一个电冰箱来说，其功能单位可以是“冷藏1立方米空间一年所消耗的能量”。

产品声明单位适用于可以实现多种功能的材料，且声明单位仅应用于产品部分碳足迹。如1吨钢的功能单位无法确定，这是因为1吨钢可转化为各种产品，可以实现各种功能。在这种情况下，使用声明单位比较合适。

3. 确定系统边界

确定系统边界是产品碳足迹评估中的一个重要环节，它决定了哪些活动、流程和排放源将被包括在评估范围内。明确的系统边界可以确保分析的一致性和结果的可比性。系统边界的设置应该尽可能明确，不应包含不相关或不重要的活动。如若遗漏了某些环节（如废弃处理阶段），则可能导致碳足迹计算不准确。

取舍原则：可舍弃产品碳足迹影响小于1%的环节，但舍弃环节总的影响不应超过产品碳足迹总量的5%。

4. 数据和数据质量

数据是产品碳足迹评估中的基础，数据质量的高低直接影响评估结果的准确性和可靠性。获取高质量的数据对于实现精确的碳排放量化至关重要。数据可以来自企业的内部记录、行业数据库、文献资料、政府统计等。确保数据来源的可靠性和权威性是非常重要的。数据通常分为原始数据（直接测量得到的数据）、估算数据（通过推算得出的数据）和假设数据（基于假设的推理得出的数据）。为保证评估结果的准确性，应对不同类型的数据进行区分并合理使用。

5. 生命周期清单分析

生命周期清单分析是产品碳足迹评估的核心步骤之一，主要目的是对产品生命周期内所有活动的资源输入和环境排放进行详细的量化，将收集到的各种数据整合并转化为环境负荷，如温室气体排放量。

数据分配是指在生命周期清单分析中，当多个产品、流程或生产阶段共享同一资源或共同产生排放时，合理地分配这些共享数据到各个产品或流程的过程。数据分配的目的是确保每个产品或环节能够准确反映其对环境影响的贡献，以进行有效的碳足迹计算。常用的数据分配方法有如下几种。

（1）基于物理量的分配法

这种方法是通过产品的物理属性（如重量、体积、能量等）来进行分配。它假设物理属性与资源消耗和排放量之间存在直接关系。例如，在钢铁生产中，如果一炉钢铁同时生产了两种不同规格的钢材，可以根据各规格的重量或体积来分配能源消耗和温室气体排放。这种方法不适用于那些物理属性无法直接反映环境负荷的情况，尤其是当产品功能差异较大时。

（2）基于经济比值的分配法

基于经济比值的分配法是根据产品的市场价值来分配共享资源和排放。对于不同的产品，按照其市场价格占比来进行资源和排放的分配。例如，在一个生产过程同时生产 A 和 B 两种产品时，可以按照 A 和 B 的销售价格比例来分配生产过程中使用的能源和排放。如果价格波动较大，可能导致分配结果不稳定，且价格未必反映实际的环境负荷。

（3）回收分配

回收分配的目标是合理地将回收材料在不同产品或生命周期阶段之间分配，以确保回收资源的环境效益得到准确的体现。在产品生命周期结束时，许多产品会进入回收或再利用阶段，回收材料的处理不仅可以减少新资源的消耗，还能降低整体环境影响。然而，当多个产品或生产过程共享同一回收材料时，需要通过合理的分配方法来确定每个产品在回收过程中应承担的环境负担或效益。

（4）基于功能或服务的分配法

基于功能或服务的分配法是通过评估产品在不同阶段或不同产品之间提供的功能或服务来进行数据分配。这种方法常用于评估多功能产品的碳足迹。例如，一台冰箱不仅具有冷藏功能，还具有冷冻功能，这时可以根据冷藏和冷冻功能分别分配能源消耗和碳排放。功能划分和量化可能较为复杂，尤其是当不同功能之间没有明显的比例关系时。

（5）基于排放量或能量消耗的分配法

在某些情况下，分配的标准可能与具体的排放量或能源消耗直接相关。例如，若多个产品共用一条生产线，可以根据每个产品在生产过程中的能源消耗比例来分配整体的能源消耗和温室气体排放。若某些产品消耗能量较多，而其他产品消耗较少，则可能导致不准确的分配。

6. 产品碳足迹影响评价

产品碳足迹的影响评价是基于生命周期清单分析的结果，评估其对气候变化的潜在影响。这一步骤通常包括将计算出的排放量转化为二氧化碳当量（CO_2e）并进行分析。不同的温室气体对气候变化的影响不同，因此需要使用相应的转化系数，如甲烷、氮氧化物等的温室气体当量值。温室气体的排放对气候变化的影响并非即时产生，可能存在长期效应，因此评估时要考虑时间因素。

7. 研究报告

基于以上的分析结果，编写研究报告是产品碳足迹评估的最终步骤。研究报告应详细、透明地呈现所有的计算过程、数据来源和结果等信息。

（四）碳核算与产品碳足迹

碳核算与产品碳足迹并不是对立的，而是相辅相成的。企业可以根据不同的需求，将这两个标准结合起来，构建更加全面和精细的碳管理体系。例如，企业可以通过 ISO 14064 管理整体运营的碳排放，同时通过《通则标准》评估其主要产品的碳足迹，以实现全方位的碳管理。

ISO 14064 和《通则标准》为企业提供了不同层次的碳管理工具，帮助企业在应对气候变化和实现可持续发展方面迈出重要一步。无论是组织整体的碳管理，还是单一产品的碳足迹评估，这两个标准都为企业提供了明确的方向和方法。选择适合的标准，或者将两者结合使用，能够帮助企业在绿色发展之路上行稳致远。

五、绿色工厂

（一）定义与核心理念

绿色工厂是指在生产过程中实现用地集约化、原料无害化、生产洁净化、废物资源化、能源低碳化的现代化制造工厂。其核心理念是通过减少资源消耗、降低环境污染、提升生态效率，推动制造业的可持续发展。绿色工厂不仅是企业实现绿色转型的重要途径，也是国家在“双碳”目标下推动产业升级的关键举措。

在具体实践中，绿色工厂的核心理念通过以下五大核心要素的系统性协同得以实现。

1. 用地集约化

绿色工厂通过优化土地利用，提升单位面积的产值，通常能够获得亩均 A 类企业的评价，并且建筑容积率符合相关标准要求。这种集约化的用地模式不仅提高了土地资源的利用效率，还减少了土地资源的浪费。

2. 原料无害化

绿色工厂在生产过程中尽可能减少或避免使用有毒有害的原辅材料，并通过技术改造持续改进生产过程。企业可以通过历史技改记录证明其在原料无害化方面的持续改进。

3. 生产洁净化

绿色工厂在生产过程中，单位产品的“三废”（废水、废气、固体废物）产生量持续降低，排放指标优于国家或行业标准。通过引入先进的生产技术和设备，绿色工厂能够有效减少污染物的排放。

4. 废物资源化

绿色工厂对生产过程中产生的固体废物和热能进行回收利用，减少资源浪费。通过废物资源化，企业不仅能降低生产成本，还能减少对环境的负面影响。

5. 能源低碳化

绿色工厂通过技术改造优化能源结构，降低单位产品的能耗，并积极引入光伏发电等新能源，替代传统能源。这种能源低碳化的措施有助于减少温室气体排放，推动企业向低碳经济转型。

（二）特点

绿色工厂通常具有以下特点。

1. 节能环保

采用先进的节能技术和设备，减少能源消耗和污染物排放。通过引入高效节能设备，企业能够显著降低能源成本，同时减少对环境的负面影响。

2. 资源高效利用

通过循环利用和废物管理，减少资源浪费。绿色工厂通过优化资源利用，提升生产效率，降低生产成本。

3. 环境友好

使用环保材料，减少有害物质的排放。绿色工厂在生产过程中尽可能使用可再生材料和环保材料，减少对环境的污染。

4. 智能化管理

通过信息化和智能化手段提升生产效率和管理水平。绿色工厂通过引入智能制造系统，实现生产过程的自动化和智能化，提升生产效率。

（三）等级划分

绿色工厂的等级分为国家级、省级和市级。以江苏省苏州市为例，绿色工厂的等级从 1A 至 5A 划分为五个等级，具体如下。

1A 级：评价分数在 60（含）至 70 之间。1A 级绿色工厂在用地集约化、原料无害化、生产洁净化等方面达到基本要求。

2A 级：评价分数在 70（含）至 80 之间。2A 级绿色工厂在 1A 级的基础上，进一步优化了资源利用和能源结构。

3A 级：评价分数在 80（含）以上。3A 级绿色工厂在资源利用、能源低碳化等方面表现优异，达到了较高的绿色制造水平。

4A 级：获评省级绿色工厂的企业，自动评为 4A 级绿色工厂。4A 级绿色工厂在省级范围内具有较高的绿色制造水平。

5A 级：获评国家级绿色工厂的企业，自动评为 5A 级绿色工厂。5A 级绿色工厂在全国范围内具有领先的绿色制造水平。

（四）申报绿色工厂的好处

绿色制造是我国“双碳”目标下解决资源、环境和碳排放问题的重要手段，也是实现产业转型升级的重要任务。申报绿色工厂有助于企业在行业内树立标杆，推动绿色制造的实施，同时提升企业的社会责任形象。具体好处有以下几点。

1. **提升企业形象**

获得绿色工厂认证的企业能够在行业内树立良好的形象，增强消费者和合作伙伴的信任。

2. **获得政策支持**

绿色工厂通常能够获得政府的政策支持和资金补贴，降低企业的运营成本。

3. **提高市场竞争力**

绿色工厂通过优化资源利用和降低能耗，显著降低生产成本，提高市场竞争力。

4. **履行社会责任**

绿色工厂通过减少环境污染和资源浪费，履行企业的社会责任，提升企业的社会形象。

（五） 申报条件

1. **基本条件**

申报企业必须是在中国境内注册且具有实际生产过程的制造业工厂。采矿企业、电力企业等不属于制造业的企业不能申报。

2. **合规性要求**

企业在建设和生产过程中必须遵守相关法律法规，近三年内无重大安全、环保、质量事故。

3. **经济基础**

企业需具备一定的经济基础和行业地位，规模小、清洁生产水平低的企业即使申报也难以成为绿色示范工厂。

（六） 申报流程

1. **了解政策与标准**

企业需查阅国家和地方的绿色工厂相关政策，熟悉绿色工厂的评价指标。

2. 自我评估

企业需对照评价标准，评估工厂现状，找出差距并制定改进计划。

3. 准备申报材料

包括工厂概况、管理体系文件、能源资源数据、环境排放数据等。

4. 提交申报

通过当地工业和信息化部门或指定平台提交申报材料。

5. 现场评审

企业通过初审后，专家进行现场评审，核实申报内容。

6. 公示与认定

对通过评审的工厂名单进行公示，公示无异议后正式认定为绿色工厂。

（七）绿色工厂的持续改进

绿色工厂的认定并不是终点，企业应持续改进和优化生产过程，确保绿色工厂的持续合规性。具体措施如下。

1. 定期评估

企业需定期进行自我评估，确保生产过程符合绿色工厂的标准。

2. 技术升级

通过引入先进的生产技术和设备，持续优化生产过程，降低能耗和排放。

3. 员工培训

通过定期的员工培训，提升员工的环保意识和技能，确保绿色工厂的持续改进。

（八）未来发展趋势

随着全球对环境保护和可持续发展的重视，绿色工厂将成为未来制造业的主流模式。未来，绿色工厂将更加注重智能化、数字化和绿色化的融合，通过引入人工智能、大数据等先进技术，进一步提升生产效率和资源利用效率。同时，绿色工厂也将更加注重与供应链的协同，推动整个产业链的绿色转型。

总之，绿色工厂不仅是企业实现绿色转型的重要途径，也是推动制造业可持续发展的重要举措。通过申报绿色工厂，企业不仅能够提升自身的竞争力，还能为社会的可持续发展做出贡献。

六、零碳工厂与近零碳工厂

（一）背景与政策支持

随着全球气候变化问题的日益严峻，各国政府和企业纷纷将碳中和作为未来发展的重要战略目标。2024 年 2 月，江苏省昆山市发布了《关于推进绿色低碳产业高质量发展的若干政策措施（试行）（征求意见稿）》，明确提出鼓励企业开展碳中和实践，对经认定的“近零碳工厂”予以最高 100 万元的奖励。同年 9 月，江苏省苏州市工业和信息化局（以下简称“工信局”）公示了 19 家近零碳工厂建设成效突出的企业和 4 家零碳工厂建设成效突出的企业。目前，已有山东、江苏、河北等 16 个省市将“建设零碳工厂”写入碳达峰实施方案，其中有 12 个省、市、县已开展零碳工厂的征集与评价工作。

（二）零碳工厂的定义与核心理念

零碳工厂是指在温室气体排放核算边界内，通过自主减排、碳信用抵消等方式，在一定时间内（通常以年度为单位）实现净零排放的工厂。根据《零碳工厂评价规范》（T/CECA-G 0171—2022），零碳工厂的核心在于通过技术创新和管理优化，减少生产和服务过程中产生的温室气体排放，最终实现碳中和。

零碳工厂的核心理念包括以下几点。

1. 自主减排

通过技术改造和工艺优化，减少生产过程中的温室气体排放。

2. 碳信用抵消

对于无法通过自主减排消除的剩余排放，通过购买碳信用或参与减排项目进行抵消。

3. 持续改进

零碳工厂不仅是一次性认证，更是一个持续改进的过程，企业需要不断优化生产流程，降低碳排放强度。

（三）近零碳工厂的定义与实施路径

近零碳工厂是指通过开展碳排放盘查、编制碳排放清单、制定减碳目标和方案，实施节能技术应用、能源结构优化、碳捕集、增加碳汇等措施，持续减少碳排放量，最终实现“近零碳”排放的工厂。以江苏省苏州市为例，根据《苏州市“近零碳”工厂建设管理办法（试行）》，近零碳工厂的实施路径包括以下几点。

1. 碳排放盘查

通过详细的碳排放盘查，识别工厂的主要排放源。

2. 减碳目标制定

根据盘查结果，制定明确的减碳目标和指标。

3. 减碳方案实施

通过节能技术应用、能源结构优化、碳捕集等措施，实施减碳方案。

4. 碳排放绩效评审

定期开展碳排放绩效评审，确保减碳目标的实现。

（四）意义

1. 树立行业低碳标杆

零碳工厂和近零碳工厂的创建，标志着企业将“碳中和”融入长期发展战略，引领行业低碳转型。零碳工厂认证是对企业碳管理、低碳运营能力、能源利用、资源利用等低碳发展指标的综合评定，获得认证的企业将在行业内树立低碳标杆。

2. 提升品牌价值

在消费者环保意识日益增强的背景下，零碳工厂认证成为企业品牌价值的重要评估标准之一。获得认证的企业能够提升品牌形象，增强消费者信任，进而提高市场竞争力。

3. 增加投资机会

随着 ESG 理念的普及，越来越多的投资者和金融机构将企业的 ESG 表现作为投资决策的重要依据。零碳工厂认证能够显著提高企业在 ESG 评估中的得分，增加企业的融资和投资机会。

4. 节约能源成本

通过改善生产工艺、采用低碳能源，企业能够显著降低能源消耗，节约能源成本，提升经济效益。

（五）零碳工厂的类型与等级

1. 零碳工厂的类型

Ⅰ型零碳工厂：针对范围 1（直接温室气体排放）和范围 2（外购能源的间接温室气体排放）的温室气体排放，实施零碳工厂策略。

Ⅱ型零碳工厂：针对范围 1、范围 2 和范围 3（供应链上下游的间接排放）的温室气体排放，实施零碳工厂策略。

2. 零碳工厂的等级

三星级：评估分值在 70 至 80（含）之间，企业在碳排放管理和减排措施方面达到基本要求。

四星级：评估分值在 80 至 90（含）之间，企业在碳排放管理和减排措施方面表现优异，具有较高的低碳运营水平。

五星级：评估分值在 90 至 100 之间，企业在碳排放管理和减排措施方面达到行业领先水平。

六星级：评估分值为 100，企业在碳排放管理和减排措施方面实现全面优化，达到零碳工厂的最高标准。

（六）零碳工厂的创建与评价流程

1. 准备阶段

制定实施计划：企业需根据自身情况，制定详细的零碳工厂实施计划，明确减排目标和实施路径。

建立温室气体管理体系：企业需建立完善的温室气体管理体系，确保碳排放数据的准确性和可追溯性。

2. 实施阶段

确定温室气体排放基准线：通过碳排放盘查，确定企业的温室气体排放基准线。

实施温室气体减排措施：通过技术改造、能源结构优化等措施，减少温室气体排放。

核算年度温室气体排放：定期核算企业的年度温室气体排放量，确保减排目标的实现。

实施碳抵消：针对企业自身减排后仍存在的不可避免排放，通过购买碳信用或参与减排项目进行抵消。

3. 评价阶段

综合评分：依据《零碳工厂评价规范》（T/CECA-G 0171—2022），对企业的各项条件进行综合评分。

颁发证书：通过评价的企业将获得由第三方授权评价机构颁发的零碳工厂证书。

4. 持续改进阶段

持续优化：企业需持续改进温室气体管理，确保零碳工厂的持续合规性。

定期复审：企业需定期参加复审，确保持续符合零碳工厂的标准。

（七）申报条件与程序

下面以江苏省苏州市为例，介绍零碳工厂和近零碳工厂的申报条件与程序。

1. 申报条件

零碳工厂：申报企业需已获评为苏州市近零碳工厂，年度动态管理表中各项关键指标均符合要求，上年度实现范围 1 和范围 2 温室气体碳中和。

近零碳工厂：申报企业需已获评为省级以上绿色工厂，上年度实现范围 1 和范围 2 温室气体至少 80% 的碳抵消，并按照《苏州市“近零碳”工厂评价指标体系》进行评价。

2. 推荐程序

组织评价：企业可采取自评价或委托第三方机构开展评价，编写评价报告。

初审推荐：评价合格的企业向所在地工信部门提交评价材料，县（区）工信主管部门进行初审，符合条件的向苏州市工信局推荐。

评审确认：苏州市工信局按规定程序开展评审，通过评审的企业在苏州市工信局官网公示，公示无异议的列入苏州市近零碳工厂、零碳工厂名单。

（八） 未来发展趋势

随着全球对碳中和目标的持续推进，零碳工厂和近零碳工厂将成为未来制造业的主流模式。未来，零碳工厂将更加注重智能化、数字化和绿色化的融合，通过引入人工智能、大数据等先进技术，进一步提升生产效率和资源利用效率。同时，零碳工厂也将更加注重与供应链的协同，推动整个产业链的绿色转型。

总之，零碳工厂和近零碳工厂不仅是企业实现绿色转型的重要途径，也是推动制造业可持续发展的重要举措。通过创建零碳工厂，企业不仅能够提升自身的竞争力，还能为全球应对气候变化做出贡献。

七、绿色建筑

（一） 定义与核心理念

绿色建筑是指在建筑的全寿命周期内，最大限度地节约资源、保护环境、减少污染，为人们提供健康、适用、高效的使用空间，实现人与自然和谐共生的高质量建筑。根据《绿色建筑评价标准》，绿色建筑的核心理念是通过合理利用自然资源和人工手段，创造健康、舒适的居住环境，同时最大限度地减少对自然环境的破坏，实现人与自然的和谐共生。

绿色建筑的设计理念包括以下几点。

1. 节约能源

充分利用太阳能、风能等可再生能源，采用节能的建筑围护结构，减少采暖和空调的使用，降低能源消耗。

2. 节约资源

在建筑设计、建造和材料选择中，考虑资源的合理使用和处置，减少资源浪费，推动资源的可再生利用。

3. 回归自然

绿色建筑的外部设计强调与周边环境的融合，保护自然生态环境，实现建筑与自然的和谐统一。

（二）设计原则

1. 节能设计

太阳能利用：通过太阳能光伏板、太阳能热水系统等技术，充分利用太阳能资源，减少对传统能源的依赖。

自然通风：根据自然通风的原理，设计合理的建筑布局和通风系统，减少对空调的依赖，降低能源消耗。

节能材料：采用高效的保温材料和节能窗户，减少建筑的热量损失，提升建筑的能源效率。

2. 资源节约

水资源管理：通过雨水收集系统、中水回用系统等技术，减少水资源的浪费，实现水资源的循环利用。

可再生材料：在建筑设计和施工中，优先选择可再生、可回收的建筑材料，减少对自然资源的消耗。

减少建筑垃圾：通过优化施工工艺和管理，减少建筑垃圾的产生，推动建筑废弃物的再利用。

3. 环境友好

生态景观设计：通过合理的景观设计，增加绿化面积，改善建筑的微气候，提升居住环境的舒适度。

噪声控制：通过隔音材料和合理的建筑布局，减少噪声污染，提升建筑的居住品质。

空气质量保障：通过新风系统和空气净化技术，确保室内空气质量，提供健康的居住环境。

（三）评价体系

绿色建筑评价以单栋建筑或建筑群为对象，评价指标体系包括安全耐久、健康舒适、生活便利、资源节约、环境宜居五类指标。每类指标均包括控制项和评分项，评价指标体系还设置了加分项，以鼓励创新和卓越表现。《绿色建筑评价标准》中的评分标准如下。

1. 安全耐久

评估建筑的结构安全性和耐久性，确保建筑在长期使用中保持稳定和安全。

2. 健康舒适

评估建筑的室内环境质量，包括空气质量、采光、噪声控制等，确保居住者的健康和舒适。

3. 生活便利

评估建筑的配套设施和服务，确保居住者的生活便利性和舒适度。

4. 资源节约

评估建筑的资源利用效率，包括能源、水资源、材料等的节约和循环利用。

5. 环境宜居

评估建筑与周边环境的融合度，确保建筑对自然环境的负面影响最小化。

（四）等级划分

绿色建筑等级按由低到高划分为基本级、一星级、二星级、三星级四个等级。具体划分标准如下。

一星级：总得分达到60分，且每类指标的评分项得分不低于其满分值的30%。

二星级：总得分达到70分，且每类指标的评分项得分不低于其满分值的30%。

三星级：总得分达到85分，且每类指标的评分项得分不低于其满分值的30%。

绿色建筑的等级划分不仅反映了建筑的环保性能，还体现了建筑在设计、施工和运营中的综合表现。获得高星级认证的绿色建筑，不仅在资源节约和环境保护方面表现优异，还能为居住者提供更加健康、舒适的生活环境。

（五）申报与审查

1. 申报条件

设计合规：申报项目需按照《绿色建筑评价标准》等相关国家标准或地方标准进行设计、施工、运营和改造。

竣工验收：申报项目需通过建设工程竣工验收并完成备案，确保建筑的质量和安全性。

2. 申报材料

申报书和自评估报告：详细说明项目的绿色建筑设计和实施情况。

项目立项审批文件：包括项目的立项审批、规划许可等相关文件。

技术文件：包括与绿色建筑评价相关的图纸、报告、计算书、图片、视频等技术文件。

承诺函：承诺每年上报主要绿色性能指标运行数据，确保建筑的持续合规性。

3. 审查程序

形式审查：住房和城乡建设部门对申报材料进行形式审查，确保材料的齐全性和有效性。

专家审查：通过形式审查后，组织专家进行技术审查，评估建筑的绿色性能，确定绿色建筑等级。

公示与公布：将通过审查的项目名单进行公示，公示无异议后正式公布，并颁发绿色建筑标识。

（六）标识管理

获得绿色建筑标识的项目运营单位或业主需强化绿色建筑的运行管理，

确保建筑的绿色性能持续符合标准。具体要求如下。

1. 运行数据上报

每年将主要绿色性能指标运行数据上报绿色建筑标识管理信息系统，确保数据的透明性和可追溯性。

2. 整改要求

若发现项目低于已认定的绿色建筑星级、主要性能不达标或存在虚假宣传等问题，住房和城乡建设部门将提出限期整改要求，整改期限不超过2年。

3. 标识撤销

若项目在整改期限内未完成整改、伪造技术资料或发生重大安全事故，住房和城乡建设部门将撤销绿色建筑标识，并收回标牌和证书。

（七）未来发展趋势

随着全球对可持续发展的重视，绿色建筑将成为未来建筑行业的主流模式。未来，绿色建筑将更加注重智能化、数字化和绿色化的融合，通过引入人工智能、物联网等先进技术，进一步提升建筑的能源效率和环保性能。同时，绿色建筑也将更加注重与城市规划和生态环境的协同，推动城市的可持续发展。

总之，绿色建筑不仅是建筑行业实现绿色转型的重要途径，也是推动全球可持续发展的重要举措。通过绿色建筑的设计、建造和运营，我们不仅能够提升建筑的环保性能，还能为人们提供更加健康、舒适的生活环境，实现人与自然的和谐共生。

八、绿色供应链

（一）背景与定义

随着全球环境问题的日益严峻，绿色制造已成为全球制造业发展的重要趋势。在“十三五”期间，中国的绿色制造从理念推广、政策制定逐步走向工程实施。绿色供应链作为绿色制造的核心环节，将环境保护、资源节约和健康安全理念贯穿于企业从产品设计到原材料采购、生产、运输、储存、销售、使用和报废处理的全过程。

绿色供应链的概念最早由美国密歇根州立大学的制造研究协会在 1996 年提出，旨在通过综合考虑环境影响和资源效率，优化供应链管理。根据《绿色制造 制造企业绿色供应链管理 导则（GB/T 33635—2017）》，绿色供应链的定义为将环境保护和资源节约的理念贯穿于企业从产品设计到原材料采购、生产、运输、储存、销售、使用和报废处理的全过程，使企业的经济活动与环境保护相协调的上下游供应关系。

（二）主要内容

绿色供应链管理涉及产品生命周期的全过程、全产业链和全要素的绿色管理。根据 GB/T 33635—2017，绿色供应链管理的主要内容包括以下几点。

1. 产品生命周期管理

从设计、生产、采购、回收利用到废弃物无害化处置，确保每个环节都符合环保要求。

2. 全产业链管理

涵盖供应商、生产企业、消费者和回收利用企业，确保整个产业链的绿色化。

3. 全要素管理

包括资源、环境和健康安全的管理，确保供应链的可持续发展。

（三）体系构建

绿色供应链的体系构建旨在实现经济利益和环境利益的双赢，推动社会的可持续发展。构建绿色供应链的主要驱动因素和障碍因素如下。

1. 驱动因素

增强企业竞争力：通过绿色供应链管理，企业可以与上下游企业进行整合，优势互补，提升整个供应链的效益。

增加客户价值：绿色产品不仅保护环境，还能为客户带来绿色收益，赢得客户的长期信任。

提升企业形象：实施绿色供应链的企业可以树立安全可靠、重视社会责任的形象，提升品牌价值。

规避绿色贸易壁垒：随着全球环保法规的日益严格，实施绿色供应链可以帮助企业规避绿色技术贸易壁垒，确保产品符合国际标准。

2. 障碍因素

财务压力：绿色供应链的实施虽然可以提高资源利用效率，但绿色回收和废弃物处理需要巨大的成本投入，可能导致企业产生财务压力。

企业间缺乏信任：企业在决策时往往从自身利益出发，而未将整个供应链或社会效益最大化纳入考量，导致企业间合作困难。

技术与知识欠缺：绿色供应链的实施需要先进的绿色技术和知识支持，但目前相关技术和手段仍有待提升。

环境标准不完善：各国环境标准不一，尤其是中国环境制度尚不健全，执法监督不力，增加了绿色供应链的实施难度。

企业文化差异：企业文化是影响供应链企业间合作的重要因素，若企业文化差异较大，合作难度将显著增加。

（四）构建步骤

1. 绿色采购

选择环保供应商：优先选择符合环保标准的供应商，确保原材料和产品符合绿色要求。

采购环保材料：优先采购可再生、可回收或低碳排放的材料，减少对环境的影响。

2. 绿色生产

优化生产工艺：采用节能、减排的生产技术，减少废弃物和污染物的产生。

清洁生产：推行清洁生产，减少有害物质的使用，提升资源利用效率。

3. 绿色物流

优化运输方式：选择低碳运输方式，如铁路或海运，减少公路运输的碳排放。

绿色包装：采用可回收或可降解的包装材料，减少包装浪费。

4. 绿色回收

建立回收体系：建立产品回收和再利用体系，推动循环经济。

再制造与再利用：对废旧产品进行再制造或再利用，延长产品生命周期。

5. 信息化管理

供应链可视化：通过信息技术实现供应链的透明化管理，实时监控各环节的环境影响。

数据分析与优化：利用大数据分析优化供应链，减少资源浪费和环境影响。

6. 政策与标准

遵守环保法规：严格遵守国家和地方的环保法规，确保供应链各环节符合要求。

制定绿色标准：制定并实施绿色供应链管理标准，推动供应链的绿色化。

7. 员工培训与文化建设

培训员工：定期开展环保培训，提升员工的环保意识和技能。

绿色文化：在企业内部倡导绿色文化，鼓励员工参与绿色供应链建设。

（五）企业绿色供应链管理典型案例：联想（北京）有限公司

1. 绿色供应链管理顶层设计

发展规划：联想（北京）有限公司（以下简称“联想”）承诺确保环保合规、防止污染、降低环境影响，并致力于开发领先的环保产品。

管理思路：通过“绿色生产”“供应商管理”“绿色物流”“绿色回收”“绿色包装”五个维度和一个“绿色信息披露平台”构建绿色供应链体系。

管理机构：联想全球环境事务部负责绿色供应链的战略制定与实施，推动公司向可持续方向转型。

2. 绿色供应商管理

供应商环境评估：联想通过《供应商行为操守准则》评估供应商的环境表现，并将碳足迹作为选择供应商的重要标准。

有害物质管控：推动供应链全物质信息披露，确保产品有害物质合规管理。

供应商培训：定期举办全球供应商环境标准与法规大会，提升供应商的环境表现。

3. **绿色生产**

低温锡膏技术：采用低温锡膏技术，减少生产过程中的能源消耗和污染排放。

智能制造：通过智能制造技术优化生产流程，提升资源利用效率。

可再生能源利用：积极引入可再生能源，减少对传统能源的依赖。

4. **绿色物流**

优化运输方案：与敦豪航空货运公司（DHL）合作，优化物流方案，减少运输过程中的碳排放。

排放数据管理：持续收集并计算产品运输排放量数据，优化运输效率。

5. **绿色回收**

产品回收体系：建立全球范围内的产品回收体系，推动废旧产品的再利用和无害化处理。

资产回收服务：为消费者和客户提供多种回收渠道，确保产品的环保处理。

6. **绿色包装**

环保包装材料：增加包装中可回收材料的比例，减少包装尺寸，推广可重复使用包装。

7. **绿色信息披露平台**

信息透明化：通过绿色信息披露平台，展示联想的环保方针、政策和成果，提升企业的透明度和社会责任感。

（六）未来发展趋势

随着全球对可持续发展的重视，绿色供应链将成为未来制造业的主流模式。未来，绿色供应链将更加注重智能化、数字化和绿色化的融合，通过引入人工智能、大数据等先进技术，进一步提升供应链的效率和环保水平。同时，绿色供应链也将更加注重与全球供应链的协同，推动全球产业链的绿色转型。

总之，绿色供应链不仅是企业实现绿色转型的重要途径，也是推动全球可持续发展的重要举措。通过构建绿色供应链，企业不仅能够提升自身的竞争力，还能为全球环境保护做出贡献。

九、碳市场与碳定价

（一）定义与作用

碳市场与碳定价是全球应对气候变化、推动经济低碳转型的重要政策工具。碳定价通过对碳排放征收成本或提供减排激励，促使企业和个人减少温室气体排放，积极应对气候变化，推动经济社会的可持续发展。加快全国碳市场建设，是实现“双碳”目标（碳达峰与碳中和）的关键制度安排。

在全球气候变化日益严峻的背景下，碳定价作为一种创新的环境政策工具，逐渐成为各国政府和企业应对气候挑战的重要手段。碳定价不仅能够有效减少温室气体排放，还能推动绿色技术的创新，促进经济的可持续发展。本节将探讨碳定价的概念、全球及中国的现状与发展趋势，揭示其在实现碳中和目标中的关键作用。

（二）基本概念

1. 碳市场的定义与运作机制

碳市场，也称为“碳排放权交易市场”，是一种基于市场机制的环境政策工具，旨在通过经济激励来控制和减少温室气体（主要是二氧化碳）的排放。其核心运作机制如下。

（1）总量控制与分配

政府设定碳排放的总量上限，并根据国家减排目标和经济发展情况逐年调整。随后，政府将这些配额分配给各个排放企业。

（2）市场交易

企业根据自身排放需求和减排成本，在市场上买卖碳排放配额，形成一个以碳排放权为交易标的市场。

（3）价格机制

碳市场的价格由供需关系决定，企业通过买卖配额来平衡自身的排放需求。

（4）监管与核查

政府通过严格的监管和核查机制，确保企业遵守碳排放配额的规定，防止超额排放。

2. 碳定价的定义与形式

碳定价是指对碳排放赋予明确的经济价值，通常以每吨二氧化碳当量为单位进行定价。其核心理念是将碳排放的环境成本内化，促使企业和消费者在决策时考虑碳排放带来的经济负担，从而自发减少排放。

碳定价机制主要有以下几种形式。

（1）碳税

政府直接对碳排放征收税费，通过提高碳排放成本，激励企业和个人减少碳排放。

（2）碳排放交易体系

通过市场机制，将碳排放权作为商品进行交易，政府设定总量上限，并逐步减少排放配额，从而实现整体减排目标。

（3）碳信用机制

通过认证的减排项目产生可交易的碳信用额度，补充传统的碳定价工具，增强市场的灵活性。

（三）全球碳市场与碳定价的发展现状

1. 全球碳市场的发展阶段

全球碳市场的发展经历了以下三个阶段。

（1）初创期（1990—2004年）

以欧洲国家如芬兰、瑞典、挪威等率先实施碳税为标志，碳定价机制逐步在部分发达国家中推广。

（2）多样化发展阶段（2005—2015 年）

随着《京都议定书》的生效，欧盟碳排放交易体系的启动标志着碳定价机制进入新的发展阶段，碳税和碳排放交易体系逐渐成熟，新西兰、韩国等多个国家也建立了自己的碳排放交易体系。

（3）全球化与深化阶段（2016 年至今）

以《巴黎协定》的达成为标志，超过 130 个国家和地区明确提出“碳中和”或“净零排放”的目标，碳定价机制在全球范围内迅速扩展，超过 70 个碳定价机制在运行，碳税和碳排放交易体系成为主流工具，碳市场规模和影响力显著提升。

2. 全球碳市场的现状

截至 2023 年年底，全球共有 74 个碳定价机制在运行，其中欧盟碳排放交易体系占据了全球碳定价收入的约 43%。这主要得益于欧盟碳排放交易体系的规模和价格优势，以及其碳配额拍卖比例较高，确保了市场的有效运作和收入的稳定增长。

全球碳定价机制的收入从 2016 年的 220 亿美元迅速增长至 2022 年的 970 亿美元，年复合增长率达 28. 1%，反映出各国对碳定价作为应对气候变化的重要工具的高度认可和积极实施。

（四）中国碳市场与碳定价的发展现状

1. 中国碳市场的发展阶段

中国碳市场的发展分为以下三个阶段。

（1）项目阶段（2005—2012 年）

通过清洁发展机制参与全球碳排放交易，主要交易对手方为欧盟。

（2）区域碳排放交易试点阶段（2013—2020 年）

在北京、天津、上海、重庆、湖北、广东、深圳、福建等 8 个省市开展碳排放配额交易试点，推动自愿减排碳交易市场的发展。

（3）全国碳市场发展阶段（2021 年至今）

全国范围内形成了多层次的碳排放权交易市场体系。

2. 中国碳市场的现状

有偿竞价作为碳配额分配的一种方式，在中国八大试点碳市场中有所探索，但整体比例较低。例如，北京市 2022 年碳配额有偿竞价成交量仅占 3.47%。全国碳市场尚未开展有偿竞价，未来有望通过提升竞价比例，进一步优化碳配额分配机制，增强市场价格发现功能。

同时，抵消机制在中国碳市场中也发挥着重要作用，通过允许企业使用碳信用额度抵消部分排放，降低履约成本，促进减排项目的发展。不同试点地区的抵消比例有所不同，其中最高可达 20%，这种差异不仅丰富了交易品种，还提升了市场活跃度，成为缓解配额价格波动的重要手段。

此外，中国在碳定价机制的建设上也取得了显著进展。当前，中国的碳定价机制主要包括全国碳排放交易体系（全国碳市场）和企业内部碳定价，碳税尚处于研究和制定阶段。全国碳市场已覆盖了超过欧盟碳排放交易体系两倍的排放量，但由于目前采用 100% 配额免费分配机制，大多数企业的实际控排成本较低，尚未为政府带来高额收入。

然而，随着《碳排放权交易管理暂行条例》的发布和全国温室气体自愿减排交易市场的启动，碳价格自 2024 年以来从 70 多元上涨至 90 多元，创下历史新高，显示出市场对碳减排需求的增强和政策支持力度的加大。

（五）对经济与环境的影响

1. 碳市场对经济与环境的影响

（1）经济影响

成本节约与投资激励：在碳市场机制下，企业可以通过出售剩余的碳排放配额获得额外收入，或者购买配额来满足自身排放需求。这种机制激励企业投资于更高效的生产技术和提高能效，从而在长期内减少成本。

行业结构调整：碳市场尤其对高排放行业如电力、制造和交通等产生显著影响。企业被鼓励采用新技术和工艺以减少碳排放，这可能导致这些行业的结构重组和升级。

（2）环境影响

温室气体排放减少：碳市场迫使企业减少碳排放，直接促进了大气污染的减少和环境质量的改善。

促进低碳技术的发展：碳市场的运行促进了清洁能源和节能技术的研发与应用，这些技术的发展是向低碳经济转型的关键。

2. 碳定价对经济与环境的影响

推动产业结构调整：碳定价通过增加高碳产品和服务的成本，激励企业和消费者选择低碳替代品，推动产业结构调整和技术创新。在能源、交通、制造等高排放行业，碳定价促进了清洁能源的应用和节能技术的发展，推动经济向绿色、可持续方向转型。

促进全球气候政策协调：碳定价机制的全球扩展促进了各国在气候政策上的协调与合作。通过碳排放交易和碳信用机制，不同国家和地区可以实现减排成本的最优化配置，增强全球应对气候变化的整体效能。同时，碳定价也为跨国企业提供了统一的碳成本考量标准，促进了全球供应链的绿色升级。

增加政府财政收入：特别是碳税，通过征收碳排放税费，直接为政府带来财政收入。这些收入可以用于环保项目、绿色技术研发、气候适应措施等，进一步增强国家应对气候变化的能力。欧盟碳排放交易体系通过碳配额拍卖为欧盟政府提供了可观的收入，助力其实现绿色转型和气候目标。

企业内部碳定价的实施：越来越多的企业将碳定价纳入战略规划，通过内部碳定价机制，促进低碳投资和管理优化。这不仅帮助企业提升了能源效率，降低了运营成本，还增强了其在全球低碳经济中的竞争力。

（六）结论

碳市场与碳定价作为应对气候变化的重要政策工具，已经在全球范围内得到了广泛应用。通过实施碳市场与碳定价机制，各国政府和企业能够有效减少温室气体排放，显著降低碳排放水平，推动绿色创新，为经济的可持续发展提供新动能。未来，随着全球对碳中和目标的持续推进，碳市场与碳定价将在全球气候治理中发挥更加重要的作用。

十、国家核证自愿减排量

（一）定义与背景

随着全球气候变化问题的日益严峻，减少温室气体排放已成为国际社会的共识。国家核证自愿减排量（China Certified Emission Reduction，简称“CCER”）作为中国应对气候变化的重要工具之一，自诞生以来，经历了多个发展阶段。CCER是指在中国境内实施的温室气体减排项目，经过国家主管部门核证后所获得的减排量。这些减排量可以在碳市场中进行交易，用于抵消企业的碳排放配额。

CCER的诞生源于全球气候变化问题的加剧。国际社会通过《联合国气候变化框架公约》和《京都议定书》等国际协议，推动各国减少温室气体排放。中国作为全球最大的温室气体排放国，面临着巨大的减排压力。为了履行国际承诺，中国政府在“十二五”规划中明确提出要建立碳排放交易市场，CCER作为其中的重要组成部分，应运而生。

（二）发展历程

1. 早期实践

2012年，国家发展改革委发布了《温室气体自愿减排交易管理暂行办法》（以下简称“《暂行办法》”），提出CCER机制，对国内温室气体自愿减排项目等五个事项实施备案管理，鼓励开展基于项目的温室气体自愿减排交易，积极探索和试验碳排放交易程序和规范，培育碳减排市场意识，为逐步建立碳排放权交易市场积累经验。这是自愿减排机制在中国的首次实践。

2. 政策暂缓

CCER机制在中国实施近五年间，虽然对提高自愿减排交易的公正性、调动全社会自觉参与碳减排活动的积极性发挥了重要作用，但在施行过程中也存在着温室气体自愿减排交易量小、个别项目不够规范等问题。为进一步完善和规范温室气体自愿减排交易，促进绿色低碳发展，2017年3月14日，国家发展改革委发布公告，通知暂缓受理温室气体自愿减排交易方法学、项目、减排量、审定与核证机构、交易机构备案申请，对《暂行办法》进行重新修订。尚未备案已暂缓的项目共有592个。

3. 重新启动

自2020年9月22日“双碳”目标提出以来，全国碳市场及相关配套机制的建设进展大大加快。2021年7月16日，全国碳排放权交易市场正式启动，之后国内碳配额总量将逐年调整，而免费配额比例将逐年下降。因此，亟需制定更高的自愿减排贡献目标来推动碳市场高质量、可持续发展，加快重启 CCER 自愿减排机制已成为必然选择。

2023 年 12 月 25 日，市场监管总局发布《温室气体自愿减排项目审定与减排量核查实施规则》，对项目审定与减排量核查的依据、基本程序和通用要求作出明确规定，指导审定与核查机构规范开展相关审定与核查活动，提升审定与核查活动的一致性、科学性。至此，CCER 全面重启的条件已经具备。这标志着中国以全国碳排放权交易市场为主体，包括自愿减排交易市场、地方碳市场，地方碳普惠机制作为补充的多元碳市场体系正加速完善。

2024 年 1 月 22 日，全国温室气体自愿减排交易市场在北京正式启动，这是中国碳市场建设的又一里程碑事件，与全国碳排放权交易市场共同构成了自愿碳减排与强制碳配额两个相互关联的碳市场体系。

（三）市场机制

1. 碳市场建设

中国自 2013 年起，在北京、上海、天津、重庆、湖北、广东和深圳等 7 个省市开展了碳排放权交易试点。这些试点市场为 CCER 的交易提供了平台，企业可以通过购买 CCER 来抵消其碳排放配额。

2. 交易机制

CCER 的交易机制主要包括项目开发、核证、注册和交易四个环节。项目开发者首先需要提交项目设计文件，经过第三方核证机构审核后，由国家主管部门进行核证和注册。注册后的 CCER 可在碳市场中进行交易。

3. 价格形成

CCER 的价格受多种因素影响，包括供需关系、政策导向、项目类型等。在试点市场初期，CCER 价格波动较大，但随着市场的逐步成熟，价格趋于稳定。

（四）项目类型

1. 可再生能源项目

可再生能源项目是 CCER 的主要来源之一，包括风电、光伏、水电等项目。这些项目通过替代化石能源的方式减少温室气体排放，符合 CCER 的核证标准。

2. 能效提升项目

能效提升项目通过改进生产工艺、提高能源利用效率的途径，减少能源消耗和温室气体排放。这类项目在工业、建筑等领域具有广泛的应用前景。

3. 林业碳汇项目

林业碳汇项目通过植树造林、森林管理等措施，增加碳汇，降低大气中的二氧化碳浓度。这类项目不仅具有减排效益，还能产生生态和社会效益。

4. 甲烷回收利用项目

甲烷回收利用项目通过回收垃圾填埋场、煤矿等场所的甲烷气体，达到减少甲烷排放的效果。甲烷是一种强效温室气体，其减排效益显著。

（五）挑战与前景

1. 挑战

政策不确定性：CCER 的发展依赖于政策的支持，但政策的不确定性给市场带来了风险。例如，2017 年，国家发展改革委暂停了 CCER 项目的审批，导致市场信心受挫。

市场流动性不足：尽管 CCER 市场已经建立，但流动性仍然不足。部分试点市场的交易量较小，价格波动较大，影响了市场的健康发展。

项目开发成本高：CCER 项目的开发需要经过复杂的审批和核证程序，成本较高。特别是对于小型项目，开发成本可能超过其收益，限制了项目的推广。

2. 前景

全国碳市场的建立：2017 年，中国宣布启动全国统一的碳排放权交易市场建设筹备工作。全国碳市场的建立将为 CCER 提供更大的交易平台，促进市场的流动性和稳定性。

政策支持力度加大：随着中国对气候变化问题的重视，政策支持力度有望加大。未来，政府可能会出台更多激励政策，推动 CCER 项目的发展。

技术进步与创新：技术进步与创新将为 CCER 项目带来新的机遇。例如，区块链技术的应用可以提高 CCER 交易的透明度和效率，降低交易成本。

（六）未来发展方向

1. 政策支持与市场机制的完善

随着中国“双碳”目标的推进，各级政府将进一步加大对 CCER 的政策支持力度。未来，可能会出台更多激励政策，如税收优惠、补贴等，以鼓励企业参与 CCER 项目。同时，政府还将进一步完善市场机制，提升 CCER 市场的流动性和透明度，确保市场的健康发展。

2. 技术进步与创新

技术进步与创新将为 CCER 项目带来新的机遇。例如，区块链技术的应用可以提高 CCER 交易的透明度和效率，降低交易成本。此外，人工智能和大数据技术的应用可以帮助企业更精准地评估和管理碳排放，提升 CCER 项目的开发效率。

3. 国际合作与市场拓展

随着全球对气候变化问题的重视，CCER 市场有望与国际碳市场接轨，推动全球碳减排合作。通过与国际碳市场的联动，CCER 项目可以获得更多的资金和技术支持，进一步提升其减排效益和市场影响力。

（七）结论

CCER 作为中国应对气候变化的重要工具，自诞生以来，经历了多个发展阶段。在政策的支持下，CCER 市场逐步建立，项目类型日益丰富。然而，CCER 的发展仍面临政策不确定性、市场流动性不足和项目开发成本高等挑战。未来，随着全国碳市场的建立、政策支持力度的加大以及技术进步与创新，CCER 有望迎来更加广阔的发展前景。通过 CCER 项目的推广和实施，中国将为实现“双碳”目标、推动全球气候治理做出重要贡献。

十一、环境产品声明

（一）定义

环境产品声明（Environmental Product Declaration，简称“EPD”）也称“Ⅲ型环境声明”，是基于ISO 14025《环境标志与声明-Ⅲ型环境声明-原则和程序》标准进行的一项国际公认的第三方验证、科学的、可比的产品整个生命周期环境影响的综合信息披露。它通过科学、可验证的量化数据，提供产品的碳足迹、水足迹等一系列环境绩效信息，为市场和管理者提供全面、可比的环境表现数据。直白地说，就是将产品全生命周期流程内对环境产生的各类影响，如气候变化、水体富营养化、臭氧层破坏、酸化等，按一定方法进行具体量化，再进行报告。

EPD是LCA的客观报告，用于传达有关产品影响环境和人类健康的潜在信息。它说明了产品的构成，以及它在从原材料提取到废弃的整个生命周期中对环境产生的影响。

EPD报告系统披露了相关产品的碳足迹、水足迹等关键环境指标，为市场及管理者提供了标准化、可比较的环境表现数据。

（二）认证标准

1. 国际认证标准

目前，国际上针对EPD认证有完整的认证标准，主要有以下几种。

（1）ISO 14025

ISO 14025规定了EPD的基本原则、定义和要求，涵盖EPD编制过程、数据收集和验证、环境性能指标的选择和报告等方面的要求。

（2）ISO 14040/14044

ISO 14040/14044规定了全生命周期评价的原则和框架，EPD认证通常需要基于此标准进行产品的生命周期评估。

（3）ISO 14067

ISO 14067 是针对产品碳足迹认证的国际标准，EPD 认证中的碳足迹信息一般需要按照此标准的方法学进行核算，进而帮助企业更准确地评估产品的碳排放量。

（4）ISO 21930

ISO 21930 为建筑和土地规划领域的产品和服务提供一致的 EPD 编制规则，以评估和传达其环境性能。该标准为 EPD 提供了一套核心规则，用于确定建筑产品和服务的环境影响，并通过标准化的方法进行披露和比较。

（5）EN 15804

EN 15804 是欧洲的 EPD 标准，适用于建筑产品和材料。它要求在 EPD 中包含一系列环境性能指标，如温室气体排放、资源消耗、废弃物产生等，并规定了相关数据的收集和计算方法。

2. 国内认证标准

国内也发布了一些国家标准，如《交通运输环境产品声明（EPD）通用规则》《建筑产品Ⅲ型环境声明》《钢铁产品制造生命周期评价技术规范（产品种类规则）》等。

EPD 这一体系最初是在国外建立、完善和普及的，因此，整个海外市场对 EPD 的重视和了解程度是非常高的。EPD 需要遵循相应的产品类别规则（Product Category Rules，简称“PCR”），这就让产品与产品之间具有了可比性。同时，开展 EPD 的 LCA 过程必须使用到专业的 LCA 软件、专业的方法学，依据公开认可的国际标准，这也让产品最终的数值拥有了科学性。

（三）EPD 与碳足迹

本质上，EPD 和碳足迹都是采用 LCA，针对产品全生命周期产生环境影响的量化评估。不同的是，碳足迹只关注“气候变化”这一单一环境影响因素，而 EPD 会根据产品类型、工艺的差异，综合考虑上文提到的多达数十种的环境影响因素。

表 2-1 是 EPD 与碳足迹对比表。

表 2-1　EPD 与碳足迹对比表

维度	EPD	碳足迹
定义	采用 LCA，披露产品在整个生命周期内的环境影响信息	衡量产品或活动在整个生命周期或特定阶段内的温室气体排放总量
目的	提升产品环境透明度，支持绿色采购、绿色建筑等可持续发展目标	评估和减少碳排放，支持碳管理和碳中和战略
适用范围	涵盖多种环境影响指标，如温室气体、水资源使用、酸化等	聚焦温室气体排放（通常以 CO_2e 表示）
评估方法	基于 ISO 14025，需进行全面 LCA 分析	基于 ISO 14067、PAS 2050 等，仅关注碳排放
数据来源	通常由第三方进行验证，数据需详实完整	可以为估算数据，也可以由第三方验证
认证机构	需通过第三方认证	可由第三方认证，也可自行声明
透明度	高，需对 LCA 过程和数据公开披露	中等，部分报告未完全公开数据
标准依据	ISO 14025、EN 15804、ISO 21930 等	ISO 14067、PAS 2050、GHG Protocol 等
输出形式	标准格式的报告，通常发布在公开数据库	碳足迹报告、碳标签等
应用场景	绿色建筑认证、政府采购、招标等	企业碳管理、碳中和路径、产品对比、消费提示
优势	全面、权威、透明度高，有利于产品环保市场竞争力	聚焦碳排放，简洁明了，成本较低，便于传播
劣势	编制周期长，成本高，对数据要求高	覆盖面窄，不全面，仅反映碳方面环境影响

（四）EPD 注册流程

1. 确认 PCR

针对不同类型的产品，检查是否已有适用于该产品的 PCR。若不存在适用于该产品的 PCR 且需定制，则应根据 PCR 开发中所述的过程进行开发，可参考国际 EPD 平台［德国建筑与环境研究所（Institut Bauen and Unawelt e. v.，简称“IBU”）、EPD International］或中国绿色建材标识平台。开发一个新的 PCR 通常需要 8～10 个月时间，使用的 PCR 应在国际 EPD 系统中列出，并在验证时有效。

2. 依照 PCR 开展 LCA

LCA 必须依照 EPD 体系发布的 PCR 要求来进行系统边界划分、数据收集、建模、分析和报告撰写。按照 ISO 14040/14044 或 EN 15804 标准，采集原材料、生产、运输、使用、报废等生命周期数据。需要借助专业的 LCA 评价软件。

3. 基于 LCA 报告生成 EPD 报告

通常委托 LCA 专业机构使用 SimaPro、Open LCA 等工具进行建模并生成报告，撰写符合格式的 EPD 草案。

4. 选择认可的认证/审核机构进行验证

开展 EPD 审核的授权认证机构必须得到所在国的国家认证认可监督管理委员会或类似机构进行授权。如国内的中建材认证中心、国际的 UL Solutions（简称“UL”）、IBU 等。审核包括数据的一致性、方法的规范性、结果的透明度。

5. EPD 体系注册与发布

需提交的资料：经独立的第三方审核确认后的 EPD 报告（英文版）、独立第三方审核完成后的最终版审核报告、产品图片等相关数据文件。

6. 定期复审和更新

若产品有重大变更，需提前更新 EPD 声明。

（五）EPD赋能企业竞争力

1. 提升产品的可信度和美誉度

EPD报告通过全面展示产品的环境属性数据，助力企业塑造绿色环保的品牌形象，赢得消费者和采购方的信任，同时量化企业环境绩效。

2. 突显企业社会责任；

EPD认证体系下的环境信息披露，直接展现企业在环境保护领域的行动和成果，强化企业社会责任担当。

3. 助力产品进入绿色采购名录

政府部门和大型企业倾向于选择持有EPD证书的供应商，不仅有利于产品进入绿色采购名录，还能有效突破国际贸易壁垒。

4. 增强国际市场竞争力

EPD认证符合国际通行标准，有助于企业进入欧美日等全球市场，提升国际市场竞争力。

如今，国际市场竞争激烈，各国产品准入标准差异显著。在此背景下，EPD认证成为企业参与国际竞争的重要工具。该认证符合国际通行标准，在欧洲、美洲及亚洲的日本等对产品环保与品质要求严苛的市场，凭借其权威性与专业性，成为企业叩开国际市场大门的“金钥匙”，为企业出海创造更多的合作机遇。

十二、绿色金融

绿色金融（Green Finance）是指将环境保护、可持续发展目标纳入金融活动，通过金融工具、金融服务和金融政策，引导资金流向有利于环境改善、应对气候变化和资源高效利用的经济活动。中国人民银行在2021年发布的相关文件中明确指出，绿色金融是指为支持环境改善、应对气候变化和资源节约高效利用的经济活动所提供的金融服务。

通俗来讲，绿色金融就是通过金融手段支持“绿色事业”，比如投融资绿色产业、发行绿色债券、提供绿色保险等。

（一）发展历程

绿色金融的发展历程可追溯至几十年前。20 世纪 70 年代，全球环保意识觉醒，人们开始思考经济发展与环境保护的平衡，绿色金融理念也随之萌芽。1974 年，德国成立了世界上第一家政策性环保银行，专门为环保项目提供资金支持，这可视为绿色金融的早期实践探索。

20 世纪 90 年代，绿色金融有了进一步发展。1992 年，联合国环境与发展大会提出可持续发展理念，为绿色金融注入了强大动力。像世界银行这类国际金融机构开始设立专门的绿色信贷项目，助力发展中国家开展环保项目。

进入 21 世纪，绿色金融迎来爆发期。各国纷纷出台政策，鼓励金融机构开展绿色业务。2003 年，“赤道原则”诞生，这一准则让全球许多银行在项目融资时将环境和社会因素纳入考量。近年来，我国大力推动绿色金融发展，构建了完善的绿色金融体系，通过发行绿色债券、开展绿色信贷等举措，为全球绿色金融发展贡献力量。

随着绿色金融的不断发展，其定义在学术界和实践领域也经历了不断发展和完善的过程。早期，绿色金融主要侧重于将环境保护理念融入金融活动，强调金融机构在投融资决策时要考虑环境因素。随着时间的推移，其内涵不断丰富和拓展。根据 2016 年中国人民银行等七部委发布的《关于构建绿色金融体系的指导意见》，绿色金融被定义为“为支持环境改善、应对气候变化和资源节约高效利用的经济活动，即对环保、节能、清洁能源、绿色交通、绿色建筑等领域的项目投融资、项目运营、风险管理等所提供的金融服务”。这一定义明确了绿色金融的目的是支持具有环境效益的项目，涵盖了广泛的绿色领域，并且指出绿色金融不仅包括融资活动，还涉及项目运营和风险管理等多方面的金融服务。

（二）产品选择

绿色金融的产品选择见表 2-2。

表 2-2　绿色金融产品选择

绿色金融产品	计算公式	适用情况	选择要点
绿色信贷	$绿色信贷比例=\frac{环保项目信贷总额(万元)}{信贷总额(万元)}\times 100\%$	适用于有明确绿色项目且需要中长期资金支持的企业，如能源企业开展风电、光伏项目建设，制造业企业进行节能减排技术改造等	企业应关注自身的信用状况能否满足银行要求，项目的环境效益和经济效益是否可量化、可评估，以及贷款的利率、期限、还款方式等是否与项目现金流相匹配
绿色投资	$绿色投资强度=\frac{环保污染治理投资总额(万元)}{GDP(万元)}\times 100\%$	适合处于成长期或扩张期，需要大量资金用于业务拓展和技术创新的绿色企业，如新能源汽车制造企业、环保科技研发企业等	企业要考虑投资方的资源背景和战略协同性，除资金外，能否为企业带来技术、市场渠道等方面的支持。同时，要评估股权稀释对企业控制权的影响，以及投资协议中的业绩对赌等条款
绿色保险	$绿色保险渗透率=\frac{环境污染责任保险收入(万元)}{总保费收(万元)}\times 100\%$	对于高环境风险行业的企业，如化工、矿山开采等，以及从事大型绿色基础设施建设项目的企业，绿色保险是重要的风险管理工具	企业需根据自身行业风险特点和项目实际情况，选择保障范围全面、理赔服务高效的保险公司。关注保险条款中的责任范围、免赔额、赔偿限额等关键条款，以及保险费率与企业风险状况的匹配度

续表

绿色金融产品	计算公式	适用情况	选择要点
绿色债券	$绿色债券市场占比=\frac{绿色债券发行总额(万元)}{全部债券发行总额(万元)}\times 100\%$	适用于具有一定规模和信用基础，且有大型绿色项目融资需求的企业，如大型环保企业开展流域治理、生态修复项目，公用事业企业建设绿色交通、绿色建筑等	企业要评估自身的发债成本和市场接受度，考虑债券的发行规模、期限、利率等要素。同时，需满足相关监管要求和信息披露标准，确保债券发行和资金使用的合规性
绿色支持	$绿色财政支出占比=\frac{财政环境保护支出(万元)}{财政预算支出总额(万元)}\times 100\%$	各类绿色企业在发展过程中都可以关注和利用绿色支持政策，特别是初创期的企业，对政策的依赖度较高	企业要及时了解国家和地方政府出台的绿色支持政策，包括税收优惠、财政补贴、土地政策等。根据自身业务和项目情况，准确把握政策申请条件和流程，确保能够充分享受政策红利
绿色基金	$绿色基金市场占比=\frac{绿色基金总市值(万元)}{全市场基金总市值(万元)}\times 100\%$	适合专注于绿色产业细分领域，具有创新技术或商业模式，但缺乏资金进行大规模推广和应用的企业，如从事可再生能源分布式应用、资源回收利用新技术的企业	企业应考察绿色基金的投资方向和策略是否与自身业务契合，基金管理团队的专业能力和投资经验是否丰富。同时，了解基金的退出机制和对企业后续融资的影响
绿色权益	$绿色权益交易占比=\frac{碳交易、排污权等环境权益交易总额(万元)}{权益市场交易总额(万元)}\times 100\%$	对于能源消耗大、碳排放高的企业，以及在环境权益交易市场有参与意愿和能力的企业，如电力企业、钢铁企业等，绿色权益工具具有重要意义	企业要关注碳排放权、排污权等环境权益的市场价格走势和交易规则，评估自身的节能减排潜力和环境权益持有成本。同时，建立完善的环境管理体系，确保能够准确计量和管理环境权益

（三）作用

如今，全球都在积极迈向碳达峰与碳中和的目标，在这场应对气候变化的关键战役中，绿色金融的身影无处不在，发挥着无可替代的重要作用。

绿色金融在社会层面产生了深远的影响。随着各种绿色金融产品走进大众视野，越来越多的人开始关注环保。以前，很多人对“碳排放”“气候变化”这些概念没有深刻的认识，现在，当看到绿色基金、绿色债券等产品时，大家会主动去了解它们与环保的关系，逐渐养成了随手关灯、出门优先选择公共交通等节能减排的好习惯。在碳市场中，绿色金融机构提供的各类服务让碳排放权交易变得更加活跃。排放指标成为一种有价值的商品，碳排放少的企业可以将多余的指标出售获利，碳排放多的企业则需要花钱购买指标，这极大地激发了企业节能减排的积极性。

绿色金融在企业发展中也发挥着至关重要的作用。过去，部分企业一心只想着经济效益，对环境保护置若罔闻。但绿色金融的介入彻底改变了这一局面。绿色金融机构在为企业提供资金支持时，会将企业的环保表现纳入重要考量内容。比如，一家传统的化工企业，过去生产过程中废气、废水排放严重超标。在申请绿色贷款时，金融机构对其提出了严格的环保要求，督促企业进行技术改造。企业为了获得低息贷款，投入资金研发节能减排新技术，购置先进的环保设备。经过一番努力，不仅生产过程中的污染物排放量大幅下降，还因为资源利用率的提高降低了生产成本，实现了经济效益与环境效益的双赢。

所以，企业可以做一些绿色项目，低成本地获取绿色金融融资。通常，可再生能源项目、绿色建筑与低碳园区，还有绿色工厂与循环经济项目以及绿氢与生物质能项目等几类绿色项目，较易获取低成本融资。

但是，企业想通过绿色项目获取低成本融资，离不开政策的支持。就拿绿色工厂和零碳工厂来说，政策红利特别明显。政府给予财政补贴，比如，河南、浙江等地对绿色工厂提供高额补贴；在税收方面，实行企业所得税减免、增值税即征即退等优惠政策；在融资贴息上，央行提供低成本资金。这些补贴实实在在地降低了企业的成本。

企业可选择多种绿色金融产品来推动绿色项目发展。绿色债券被专门用于可再生能源、绿色建筑等定向项目，其发行需符合相关目录，还得通过第三方认证。绿色基金能够为绿色建筑和低碳园区这类项目注资，助力企业发展。绿色保险也很重要，它能覆盖环境责任、碳资产损失这些风险，保费还能抵扣企业所得税。

（四）总结

企业要想获取低成本融资，需先做好合规认证，如申请绿色工厂、绿色建筑认证等；其次，要利用好政策工具，参与碳市场、申请专项债；再者，技术创新也不能少，用新技术证明自己的减排潜力；最后，加入产业联盟，和其他企业合作，构建生态合作网络。

总之，企业需精准把握政策导向，提升技术能力，加强生态协同，这样才能在绿色经济发展中利用好政策补贴和投资工具，获取低成本融资，抢占发展先机。

十三、碳达峰与碳中和

在全球工业化快速发展的进程中，人类活动致使温室气体排放急剧增加，其中二氧化碳排放是主要因素，气候变化成为全世界面临的重大挑战。在此背景下，碳达峰与碳中和目标的提出，成为全球应对气候变化的关键举措。中国作为全球最大的发展中国家和碳排放大国，明确提出在2030年前实现碳达峰、在2060年前实现碳中和的“双碳”目标，这不仅体现了中国对全球气候治理的担当，也是自身可持续发展的必然要求。

（一）“双碳”的定义

碳达峰指二氧化碳排放量达到历史最高值后进入持续下降过程，是排放由增转降的拐点。从时间维度看，其受经济发展阶段、产业结构、能源消费结构和政策调控等因素影响，如美国在2007年左右实现碳排放达峰，背后是产业结构调整和能源技术创新。从排放量角度，较低的碳排放峰值能降低后续实现碳中和的难度和成本。同时，碳达峰反映了碳排放增速的变化，达峰后经济增长与碳排放初步“脱钩”，为可持续发展奠定基础。

碳中和是指各类主体在特定时间内产生的二氧化碳或温室气体排放总量，通过植树造林、节能减排、碳捕集与封存（Carbon Capture and Storage,

简称“CCS”）等形式抵消，实现净零排放。在实现过程中，能源领域的减排措施至关重要，如加快能源结构调整、发展可再生能源、提高能源利用效率等。增加碳汇也是重要手段，植树造林、保护和修复湿地与草原等生态系统可提升碳汇水平。CCS 和碳捕集、利用与封存技术（Carbon Capture，Utilization and Storage，简称“CCUS”）虽面临挑战，但随着技术的进步，在未来碳中和中的作用将日益凸显。

碳达峰与碳中和紧密相连，碳达峰是碳中和的必要前提，其时间早晚和峰值高低对碳中和的实现影响重大。碳中和是碳达峰的最终目标，对碳达峰具有约束作用，两者需协同推进。在全球层面，欧盟提出“欧洲绿色协议”，将 2050 年实现碳中和作为核心目标，在能源、交通领域采取一系列措施，并通过碳交易市场管控碳排放。美国在拜登任总统时期重新加入《巴黎协定》，提出碳减排目标，加大对清洁能源的投资和支持；2025 年 1 月特朗普重新上台后又宣布将退出《巴黎协定》，美国“双碳”发展之路可谓跌宕起伏。

（二）中国“双碳”

中国高度重视碳达峰、碳中和工作，构建了完善的“1 + N”政策体系。“1”指顶层设计文件，明确总体要求、目标和任务；“N”涵盖各重点领域实施方案和支撑保障方案。各地区也制定了碳达峰实施方案，全国碳市场体系建设加快推进，全国碳排放权交易市场和全国温室气体自愿减排交易市场先后启动。中国作为最大碳排放国，在国际气候谈判中面临舆论压力，部分发达国家要求中国承担更多的减排责任。欧盟碳边境调节机制（Carbon Bordor Adjnstment Mechanism，简称“CBAM”）等国际规则对中国出口贸易和产业发展构成挑战，增加了中国碳排放密集型产品的出口成本，影响了中国产品的国际竞争力。

中国为应对这些挑战，采取了一系列策略。在政策引导与制度建设方面，完善政策体系，制定分行业、分领域碳达峰时间表和路线图，加强政策协同。健全法规与标准，加快应对气候变化立法，建立碳排放相关标准体系。在能源转型与高效利用上，大力发展可再生能源，制定发展规划，加大开发力度，加强技术研发和创新，完善消纳机制。推进能源高效利用，在工业、建筑、交通领域推广节能技术和设备，提高能源利用效率。在产业结构调整与升级方面，优化产业结构，淘汰落后产能，培育新兴产业。发展绿色产业，制定相关政策，加大支持力度，建立标准和认证体系。在技术创新与应用上，加大研发投入，建立多元化投入机制，加强产、学、研合作。推广先进技术，发布节能减排技术推广目录，推进 CCUS 技术示范和应用。在市场机制与金融支持方面，完善碳市场，扩大覆盖范围，优化配额分配机制，加强监管。加强金融支持，创新绿色金融产品和服务，建设绿色金融标准和评估认证体系，加强监管。

“双碳”目标正在重塑全球地缘政治格局。沙特宣布投资 5 000 亿美元建设“零碳未来城”，阿联酋斥资 540 亿美元布局绿氢产业，传统产油国通过新能源转型延续能源话语权。CBAM 覆盖钢铁、铝业等六大行业，预计 2026 年起对中国出口产品每年征收超过 200 亿元的碳关税。这种“绿色壁垒”倒逼中国出口企业加速低碳转型，某企业已实现空调压缩机生产线碳足迹全追溯，碳排放强度下降 37%。

技术标准争夺战愈演愈烈。国际标准化组织近三年新增碳中和相关标准 82 项，中、美、欧在关键领域展开激烈博弈：中国主导制定的光伏硅片尺寸标准（210 mm）正挑战传统 182 mm 的国际标准；欧盟力推的电池护照制度要求披露全生命周期数据，有企业已建立覆盖钴矿开采到电池回收的数字化溯源系统。这种标准竞争的背后，是每年超 2 万亿美元的绿色技术市场主导权之争。

构建新型能源体系需突破三重瓶颈。在技术维度，加快攻克氢能储运、新型储能、智能电网等关键技术；在机制层面，完善新能源参与电力市场交易规则，建立容量补偿机制；在基础设施领域，推进“西电东送”战略升级，建设跨区域柔性直流输电网络。预计到 2025 年，新型储能装机规模将达到 3 000 万千瓦以上。

重点行业转型需实施差异路径。电力行业严控煤电新增，推动现役机组灵活性改造，2025 年实现超低排放机组占比 90% 以上。交通运输领域发展多式联运，推广电动重卡、氢燃料电池船舶，到 2030 年新增新能源交通工具占比达到 40%。建筑领域推广超低能耗建筑技术，促进其绿色发展，实现 100% 绿色建筑认证。

构建碳中和支撑体系需要多维创新。技术创新方面设立国家碳中和科技专项，重点攻关 CCUS、新型光伏材料等技术。市场机制层面扩大碳市场行业覆盖范围，2025 年前纳入水泥、电解铝等 8 个高耗能行业。国际合作领域深化绿色“一带一路”建设，在东南亚投资建设总装机 500 万千瓦的清洁能源基地。

中国“双碳”目标的深入推进，正在创造新的发展范式。这种范式转变不仅体现在能源结构的清洁化，更体现在发展理念的生态化、增长模式的低碳化、技术创新的绿色化。随着全国碳市场扩容、新型电力系统构建、零碳产业体系培育等关键举措的落地，中国正在为全球气候治理贡献兼具雄心和现实的解决方案。这场深刻变革的终极目标，是实现环境保护与经济发展的协同共进，在生态文明维度重构现代工业文明的发展逻辑。未来 30 年，“双碳”目标的实施成效将决定中国在全球绿色经济版图中的历史方位。

第三章　S：社会

一、利益相关者理论

（一）概述

1. 定义

利益相关者理论由美国学者 R. 爱德华·弗里曼（R. Edward Freeman）于 1984 年在其著作《战略管理：利益相关者方法》中首次提出。该理论认为，企业的成功不仅依赖于股东，还依赖于所有与企业运营相关的利益相关者。利益相关者包括员工、客户、供应商、社区、政府、投资者等，他们的利益和期望应被纳入企业的决策过程。

2. 利益相关者的分类

利益相关者可以分为内部利益相关者和外部利益相关者。内部利益相关者包括企业的员工、管理层和股东，他们直接参与企业的日常运营和决策；外部利益相关者包括客户、供应商、社区、政府、非政府组织等，他们虽然不直接参与企业的日常运营，但企业的决策和行为会对其产生重要影响。

（二）ESG 视角下的利益相关者理论

1. ESG 与利益相关者理论的结合

ESG 框架强调企业在环境、社会和治理方面的表现，这与利益相关者理论的核心思想高度契合。ESG 视角下的企业不仅需要关注股东的利益，还需要综合考虑其他利益相关者的需求和期望，以实现可持续发展。

2. ESG 视角下的利益相关者

在 ESG 框架下，企业的利益相关者可以细分为以下几类。

环境利益相关者：包括环保组织、政府环保部门、社区等。他们关注企业对环境的影响，如碳排放、资源利用、废物管理等。

社会利益相关者：包括员工、客户、供应商、社区等。他们关注企业在社会责任方面的表现，如劳工权益、供应链管理、社区参与等。

治理利益相关者：包括股东、董事会、监管机构等。他们关注企业的治理结构和决策过程，如透明度、问责制、道德行为等。

（三） 企业如何理解和运用利益相关者理论

1. 识别利益相关者

企业在运用利益相关者理论时，首先需要识别出所有的利益相关者。这包括内部和外部的利益相关者，以及他们在 ESG 框架下的具体关注点。例如，环保组织关注企业的碳排放，员工关注企业的劳工权益，股东关注企业的治理结构。

2. 分析利益相关者的需求和期望

企业需要深入了解各利益相关者的需求和期望。这可以通过问卷调查、访谈、焦点小组等方式进行。例如，企业可以通过员工满意度调查了解员工对工作环境、薪酬福利的期望，通过客户反馈了解客户对产品质量、售后服务的需求，通过社区沟通了解社区对企业环保措施的看法。

3. 制定利益相关者管理策略

在识别和分析利益相关者的需求和期望后，企业需要制定相应的管理策略，包括以下几种。

环境管理策略：企业可以通过减少碳排放、提高资源利用效率、实施废物管理等措施，回应环保组织和社区的环境期望。

社会责任策略：企业可以通过改善劳工权益、优化供应链管理、参与社区发展等措施，回应员工、客户和社区的社会期望。

治理改进策略：企业可以通过提高透明度、加强问责制、推行道德行为等措施，回应股东和监管机构的治理期望。

4. 实施与评估

企业需要将制定的利益相关者管理策略落实到具体的行动中，并定期评估其效果。例如，企业可以通过发布 ESG 报告，向利益相关者公开其在环境、社会和治理方面的表现；通过第三方审计，评估企业在 ESG 方面的实际表现；通过利益相关者反馈，了解管理策略的实际效果，并进行必要的调整。

（四）利益相关者理论在 ESG 中的实践案例

1. 环境利益相关者管理案例

（1）特斯拉的环境管理

特斯拉通过生产电动汽车和推广清洁能源，积极回应环保组织和社区的环境期望。公司不仅减少了碳排放，还通过太阳能电池板和储能产品，推动可再生能源的使用。特斯拉还定期发布环境报告，向利益相关者公开其环境表现。

（2）联合利华的“可持续生活计划”

联合利华通过“可持续生活计划”，回应环保组织和社区的环境期望。公司承诺到 2030 年实现碳中和，并减少塑料包装的使用。联合利华还通过供应链管理，确保原材料的可持续采购，减少对环境的影响。

2. 社会利益相关者管理案例

（1）星巴克公司的员工福利

星巴克公司（以下简称“星巴克”）通过提供公平薪酬、医疗保险、带薪休假等福利，回应员工的期望。公司还通过“全球农民基金”支持咖啡种植者，改善供应链中的劳工权益。星巴克还尝试参与社区发展项目，提升社区的生活质量。

（2）阿里巴巴集团控股有限公司的“公益宝贝”项目

阿里巴巴集团控股有限公司（以下简称“阿里巴巴”）通过“公益宝贝”项目，回应客户和社区的期望。公司将部分商品销售收入捐赠给公益组织，支持教育、环保等社会事业。阿里巴巴还通过“蚂蚁森林”项目，鼓励用户参与环保行动，减少了大量的碳排放。

3. 治理利益相关者管理案例

（1）微软公司的透明治理

微软公司（以下简称“微软”）通过提高透明度、加强问责制，回应股东和监管机构的期望。公司定期发布 ESG 报告，向投资者、客户等利益相关者披露其在环境、社会和治理方面的实践成效。微软还通过多元化的董事会，提升决策质量和公司绩效。

（2）苹果公司的供应链管理

苹果公司通过严格的供应商选择与评估，回应股东和监管机构的期望。公司定期对供应商进行社会责任审核，公开供应链信息，接受社会监督，避免供应链中的不道德行为。苹果公司还通过透明的治理结构，确保决策的透明和公正。

（五）利益相关者理论在 ESG 中的挑战与应对策略

1. 挑战

利益相关者需求的多样性：不同利益相关者的需求和期望可能存在冲突，企业需要在多方利益之间找到平衡。

信息透明度不足：企业在 ESG 信息披露方面可能存在不足，影响利益相关者的信任和满意度。

管理复杂性：利益相关者管理涉及多个部门和环节，企业需要建立有效的管理机制，确保策略的落实。

2. 应对策略

建立利益相关者沟通机制：企业应建立与利益相关者的沟通机制，定期听取各方的意见和建议，及时回应各方的关切。

提高信息透明度：企业应提高 ESG 信息披露的透明度，通过发布 ESG 报告、第三方审计等方式，向利益相关者公开其在环境、社会和治理方面的表现。

优化管理流程：企业应优化利益相关者管理流程，建立跨部门的管理团队，确保策略的落实和效果的评估。

（六）结论

利益相关者理论为企业在 ESG 框架下的可持续发展提供了新的视角。

通过识别和分析利益相关者的需求和期望，企业可以制定相应的管理策略，提升其在环境、社会和治理方面的表现。利益相关者理论的应用不仅有助于企业实现可持续发展，还可以增强企业的品牌形象和市场竞争力。未来，企业需要不断创新和优化利益相关者管理，以应对复杂的社会和经济环境，实现长期的可持续发展。

二、社会大趋势

（一）全球化

1. 定义与趋势

全球化是指全球范围内的经济、文化和社会的互联互通。随着信息技术的发展和国际贸易的扩大，全球化已成为不可逆转的趋势。企业可以通过全球化拓展市场、降低成本，个人也可以通过全球化获得更多的就业和发展机会。

2. 全球化给企业带来的机遇与风险

（1）机遇

市场扩展：全球化使企业能够进入更广阔的市场，尤其是新兴市场。通过跨国经营，企业可以增加销售额和市场份额。

成本降低：全球化使企业能够在全球范围内寻找成本更低的原材料和劳动力，从而降低生产成本，提高竞争力。

技术创新：全球化促进了技术的跨国流动，企业可以通过国际合作获得先进的技术和管理经验，提升创新能力。

（2）风险

市场竞争加剧：全球化使企业面临来自全球的竞争，尤其是来自低成本国家的竞争。企业需要不断提升自身的竞争力，以应对激烈的市场竞争。

经济风险：全球化使企业面临更多的经济风险，如贸易壁垒、汇率波动等。企业需要制定风险管理策略，以应对这些不确定性。

文化差异：全球化使企业面临文化差异的挑战。企业需要了解不同国家和地区的文化差异，制定适合当地市场的营销和管理策略。

3. 全球化给个人带来的机遇与风险

（1）机遇

就业机会增加：全球化为个人提供了更多的就业机会，尤其是跨国公司和国际组织的工作机会。个人可以通过全球化获得更广阔的职业发展空间。

文化交流：全球化促进了不同文化之间的交流，个人可以通过全球化了解和学习不同的文化，提升自身的文化素养和国际视野。

（2）风险

就业竞争加剧：全球化为个人带来了更多的就业机会，但也加剧了就业竞争。个人需要不断提升自身的技能和竞争力，以应对全球化的就业市场。

文化冲突：全球化使个人面临文化冲突的风险。个人需要适应不同文化环境，避免文化冲突对个人生活和工作的负面影响。

（二） 自动化与人工智能

1. 定义与趋势

自动化是指通过技术手段实现生产和管理过程的自动化；人工智能是指通过计算机模拟人类智能，实现自主学习和决策。随着技术的进步，自动化和人工智能正在改变各行各业的生产和管理方式。

2. 自动化与人工智能给企业带来的机遇与风险

（1）机遇

生产效率提升：自动化和人工智能可以大幅提升生产效率，减少人力成本，提高产品质量和一致性。

创新驱动：人工智能可以通过数据分析和机器学习，帮助企业发现新的市场机会和创新点，推动产品和服务的创新。

个性化服务：人工智能可以通过大数据分析，提供个性化的产品和服务，提升客户满意度和忠诚度。

（2）风险

技术投资风险：自动化和人工智能需要大量的技术投资，企业需要承担技术研发和应用的风险。如果技术应用不成功，企业可能面临巨大的经济损失。

就业结构调整：自动化和人工智能可能导致部分岗位的消失，企业需要进行就业结构调整，重新培训和安置员工，避免员工流失和社会责任等问题。

数据安全与隐私：人工智能依赖于大数据，企业需要确保数据的安全和隐私，避免数据泄露和滥用带来的法律和声誉风险。

3. 自动化与人工智能给个人带来的机遇与风险

（1）机遇

新就业机会：自动化和人工智能创造了新的就业机会，如数据分析师、人工智能工程师等。个人可以通过学习新技术，获得新的职业发展机会。

工作效率提升：自动化和人工智能可以帮助个人提升工作效率，减少重复性劳动，专注于更有创造性和价值的工作。

（2）风险

就业压力：自动化和人工智能可能导致部分岗位的消失，个人需要不断提升自身的技能，以适应新的就业市场。

技能过时：随着技术的快速发展，个人的技能可能很快过时。个人需要不断学习和更新技能，以保持竞争力。

（三）少子化与老龄化

1. 定义与趋势

少子化是指出生率下降，导致年轻人口比例减少；老龄化是指老年人口比例增加，导致社会年龄结构老化。少子化和老龄化是世界上许多国家面临的社会问题，尤其是在发达国家。

根据国家统计局数据，2023 年中国的人口也历史性地连续两年呈负增长态势。2023 年末全国人口总量为 140 967 万人，比上年末减少 208 万人；全年出生人口 902 万人，比上年减少 54 万人，出生率降至 6.39‰；死亡人口 1 110 万人，死亡率为 7.87‰；人口自然增长率为 -1.48‰，且总和生育率为 1.0，在全球主要经济体中位列倒数第二。

2. 少子化与老龄化给企业带来的机遇与风险

（1）机遇

银发经济：老龄化社会带来了银发经济的机遇。企业可以通过开发适合老年人的产品和服务，如医疗保健、养老服务和休闲娱乐，满足老年人群的需求。

劳动力优化：少子化使企业面临劳动力短缺的问题，但也促使企业优化劳动力结构，提升劳动生产率和自动化水平。

（2）风险

劳动力短缺：少子化导致年轻劳动力减少，企业可能面临劳动力短缺的问题，尤其是在劳动密集型行业。中国劳动年龄人口占比持续下降。

社会保障负担：老龄化增加了社会保障负担，企业可能需要承担更多的养老金和医疗保险费用，增加企业的运营成本。

3. 少子化与老龄化给个人带来的机遇与风险

（1）机遇

职业发展：老龄化社会带来了医疗、养老等行业的职业发展机会。个人可以通过从事相关行业，获得稳定的职业发展。

家庭责任减轻：少子化使家庭抚养子女的责任减轻，个人可以有更多的时间与资源用于自我发展和休闲。

（2）风险

养老压力：老龄化增加了个人养老的压力，个人需要提前规划养老储蓄和保险，以应对未来的养老需求。

社会保障压力：老龄化增加了社会保障负担，个人可能需要承担更多的税收和社会保障费用，影响个人的可支配收入。

（四）结论

全球化、自动化与人工智能、少子化与老龄化是当前社会的三大趋势，它们对企业和个人产生了深远的影响。全球化为企业带来了市场扩展和成本降低的机遇，但也带来了市场竞争加剧和经济风险；自动化和人工智能提升了生产效率和创新能力，但也带来了技术投资风险和就业结构调整的挑战；少子化和老龄化带来了银发经济的机遇，但也带来了劳动力短缺和社会保障负担的风险。

对于个人而言，全球化提供了更多的就业机会和文化交流的机会，但也加剧了就业竞争和文化冲突的风险；自动化和人工智能创造了新的就业机会，但也带来了就业压力和技能过时的挑战；少子化和老龄化减轻了家庭责任，但也增加了养老和社会保障的压力。

面对这些大趋势，企业和个人需要积极应对，抓住机遇，规避风险，以实现可持续的发展和个人成长。

三、内外部社会因素

（一） 社会因素

1. 定义

ESG 中的社会因素（Social）是指企业在运营过程中对社会的影响，以及企业如何管理和回应这些影响。社会因素涵盖了广泛的议题，包括劳工权益、员工健康与安全、供应链管理、社区参与、消费者权益等。企业通过积极管理这些社会因素，不仅可以提升自身的可持续发展能力，还可以提升品牌形象、增强市场竞争力。

2. 重要性

社会因素在 ESG 框架中占据重要地位，原因如下。

（1）员工是企业最重要的资产

员工的满意度、健康与安全直接影响到企业的生产效率和创新能力。

（2）供应链管理影响企业声誉

供应链中的劳工权益、环境保护等问题直接关系到企业的社会责任表现。

（3）社区关系影响企业运营

企业与社区的良好关系有助于获得社会支持，减少运营阻力。

（4）消费者权益影响市场竞争力

满足消费者需求、保障消费者权益是企业赢得市场的关键。

（二） 制造型企业的内部社会因素

1. 劳工权益

（1）公平薪酬与福利

制造型企业通常雇佣大量工人，确保员工的公平薪酬和福利是企业的基本责任。企业应遵守当地的最低工资标准，并提供合理的福利待遇，如医疗保险、带薪休假等。

（2）工作环境与安全

鉴于制造型企业生产环境复杂，安全风险高，企业应确保工作场所的安全，提供必要的安全培训和防护设备，减少工伤事故的发生。

（3）员工培训与发展

制造型企业应重视员工的职业发展，提供技能培训和发展机会，帮助员工提升职业技能，增强员工的归属感和忠诚度。

2. 员工健康与安全

（1）健康管理

制造型企业应关注员工的健康状况，提供定期的健康检查，建立健康管理体系，预防职业病和健康问题的发生。

（2）心理健康支持

制造型企业的工作压力较大，企业应关注员工的心理健康，提供心理咨询和支持服务，帮助员工缓解压力，保持良好的心理状态。

3. 多元化与包容性

（1）多元化招聘

制造型企业应推行多元化招聘政策，打破性别、年龄、种族和背景等潜在偏见，为各类求职者提供均等发展平台。

（2）包容性文化

企业应营造包容性的工作环境，尊重员工的多样性，鼓励员工表达不同的观点和想法，增强团队的创新能力。

（三）制造型企业的外部社会因素

1. 供应链管理

（1）供应商选择与评估

制造型企业的供应链通常涉及多个环节，企业应选择符合 ESG 标准的供应商，并定期评估供应商的社会责任表现，确保供应链中的劳工权益和环境保护。

（2）供应链透明度

企业应提高供应链的透明度，公开供应链信息，接受社会监督，避免供应链中的不道德行为，如使用童工、强迫劳动等。

2. 社区参与

（1）社区发展项目

制造型企业应积极参与社区发展项目，支持当地的教育、医疗和基础设施建设，提升社区的生活质量，增强企业与社区的良好关系。

（2）社区沟通与反馈

企业应建立与社区的沟通机制，及时了解居民反馈，针对性解决实际问题，构建互利共赢的邻里关系。

3. 消费者权益

（1）产品质量与安全

制造型企业应确保产品的质量和安全，遵守相关的产品质量标准，避免因产品质量问题引发的消费者投诉和法律纠纷。

（2）消费者信息保护

企业应保护消费者的个人信息，遵守相关的数据保护法规，避免消费者信息泄露和滥用。

（四）制造型企业社会因素的实践案例

1. 内部社会因素实践案例

（1）丰田汽车株式会社的员工健康与安全管理

丰田汽车株式会社通过建立完善的健康与安全管理体系，确保员工的工作环境安全。公司提供定期的安全培训，配备先进的安全设备，减少工伤事故的发生。此外，丰田汽车株式会社还关注员工的心理健康，提供心理咨询和支持服务，帮助员工缓解工作压力。

（2）德国西门子股份公司的多元化与包容性政策

德国西门子股份公司推行多元化招聘政策，确保不同性别、年龄、种族和背景的员工都能获得公平的就业机会。公司还着力打造开放包容的工作氛围，支持员工分享多样化观点，以此激发团队的创新潜能。

2. 外部社会因素实践案例

（1）苹果公司的供应链管理

苹果公司通过严格的供应商选择与评估，确保供应链中的劳工权益和环境保护。公司定期对供应商进行社会责任审核，公开供应链信息，接受社会监督，避免供应链中的不道德行为。

（2）宝洁公司的社区参与

宝洁公司积极参与社区发展项目，支持当地的教育、医疗和基础设施建设。公司还建立与社区的沟通机制，听取社区的意见和反馈，及时回应社区的关切，增强企业与社区的良好关系。

（五） 制造型企业社会因素的管理策略

1. 制定 ESG 战略

制造型企业应制定明确的 ESG 战略，将社会因素纳入企业的长期发展规划。通过设定具体的社会责任目标，企业可以系统地管理内外部社会因素，提升企业的可持续发展能力。

2. 加强员工培训

企业应加强员工的 ESG 培训，提升员工的社会责任意识。通过培训，员工可以更好地理解企业的社会责任目标，积极参与企业的社会责任实践。

3. 建立透明的沟通机制

企业应建立透明的沟通机制，与员工、供应商、社区和消费者保持密切的沟通。通过透明的沟通，企业可以及时了解各方的关切，回应各方的期望，增强企业的社会责任表现。

4. 定期评估与改进

企业应定期评估自身的社会责任表现，识别存在的问题和改进的空间。通过持续的评估与改进，企业可以不断提升自身的社会责任水平，实现可持续发展。

（六） 结论

ESG 中的社会因素是制造型企业可持续发展的重要组成部分。通过积极管理内部社会因素，如劳工权益、员工健康与安全、多元化与包容性，企业可以提升员工满意度和生产效率；通过管理外部社会因素，如供应链管理、社区参与、消费者权益，企业可以增强品牌形象和市场竞争力。制造型企业应制定明确的 ESG 战略，加强员工培训，建立透明的沟通机制，定期评估与改进，以实现可持续发展和社会进步。

四、企业社会责任

（一）概述

1. 起源

1924 年，英国学者奥里弗·谢尔顿（Oliver Sheldon）在其著作《管理的哲学》中首次正式提及企业社会责任（Corporate Social Responsibility，简称“CSR”）。他主张，工商企业应承担满足产业内外各种人类需求的公共责任。然而，经济大萧条和第二次世界大战使人们对这一概念的关注有所减弱。

直至 1953 年，美国学者霍华德·R. 鲍恩（Howard R. Bowen）在《商人的社会责任》一书中首次明确定义了企业社会责任。他认为，商人应根据社会的目标和价值观，制定决策并承担相应的义务。因此，鲍恩被尊称为“企业社会责任之父”。

1960 年，基思·戴维斯（Keith Davis）在鲍恩的基础上提出了著名的“责任铁律”原则，即企业的社会责任必须与其社会权利相称，回避社会责任将导致企业社会权利的逐步丧失。

1979 年，美国学者阿奇·卡罗尔（Archie Carroll）做了一个阶段性的总结：企业社会责任，指某一时期社会对企业所寄托的经济、法律、伦理和自由决定（慈善）的期望。这就是具有里程碑意义的 CSR 金字塔模型，它明确了企业社会责任的四个层次，即经济责任、法律责任、道德责任、慈善责任。其中第四项慈善责任在 1983 年被原作者拆解，金字塔模型也随之更迭为 CSR 三域模型，即企业社会责任由经济、法律和道德三大责任领域组成。

2. 实践演进

随着全球化的推进和社会对企业期望的提高，CSR逐渐从理论走向实践。许多企业开始将CSR纳入其战略规划，通过发布CSR报告、参与社会公益项目、改善供应链管理等方式，履行其社会责任。例如，全球知名的咖啡连锁品牌星巴克通过“全球农民基金”支持咖啡种植者，确保可持续的咖啡供应链；同时，星巴克还致力于减少碳排放，承诺到2030年实现碳中和。

（二）CSR进阶ESG

1. ESG的兴起

李诗和黄世忠在其论文《从CSR到ESG的演进》中指出，ESG在诞生之初就继承了CSR的部分基因。没有CSR的百年探索，就不会有今天的ESG。ESG的提出可被视为CSR的进阶，其演进主要受到以下三个外部因素的推动。

（1）联合国对环境保护和可持续发展的积极推动

2015年9月，在联合国总部召开的可持续发展峰会上通过了《联合国2030年可持续发展议程》，制定了17项可持续发展目标。

（2）资本市场对ESG信息的强烈需求

2024年4月12日，上海证券交易所、深圳证券交易所和北京证券交易所在中国证监会的指导下，发布《上市公司可持续发展报告指引》。

（3）国际组织对ESG标准制定的不懈努力

从全球报告倡议组织提出的四模块准则体系，到气候相关财务信息披露工作组提出的由治理、战略、风险管理、指标与目标组成的TCFD框架，促进了可持续发展目标的实现。

2. CSR与ESG的比较

（1）相同点

CSR与ESG在多个方面具有共性，具体如下。

在管理内容方面，两者都要求企业对其社会和环境影响进行管理，采取有效措施，最小化负面影响，最大化正面影响。这意味着企业需要根据运营环境和影响，实施必要的管理措施，并与利益相关方保持沟通。

在信息披露方面，CSR 和 ESG 都强调透明度。企业需要就重要的环境和社会影响进行信息披露，发布 CSR 或 ESG 报告已成为许多大型企业的选择。

在核心议题方面，CSR 和 ESG 都涵盖组织治理、人权、劳工、环境、消费者、公平运营实践和社区参与等主题。应对气候变化、低碳发展和供应链管理等热点议题在两者中同样重要，许多 CSR 标准也适用于 ESG。

（2）不同点

概念区别：CSR 强调企业通过透明和道德的行为，对其决策和活动对社会和环境的影响承担责任，关注企业对社会和环境的影响。ESG 则专注于环境、社会和治理问题，核心在于企业需要关注这三大领域并进行信息披露。

应用场景和推动力：CSR 的应用场景更为广泛，实施方式多样，推动力因情境而异。例如，政府和公众在信息披露方面的推动，采购商和国际市场在供应链管理方面的影响，等等。ESG 则聚焦于投资领域，金融机构和投资者是主要推动力，其实施方式包括黑名单、白名单、基准筛选和可持续主题投资等。

重点事项的确定：CSR 要求企业根据自身环境和核心业务影响，识别和确定重要事项和优先事项，旨在促进可持续发展。ESG 则还需要回应投资者的关切，重点可能因投资者偏好而异，未必与企业自身的重要事项完全一致。

遵循标准：CSR 标准种类繁多，涵盖 ESG 标准，但各有侧重，难以协同。随着 ISSB 等机构的合并，未来 ESG 标准可能实现更好的协同。

（三） 企业实践中的 CSR 与 ESG

1. CSR 在企业中的实践

（1）中国移动的 CSR 实践

中国移动通信集团有限公司通过“数字乡村计划”助力偏远地区建设 5G 基站和远程教育平台，缩小城乡数字鸿沟；同时持续推进“绿色基站”建设，采用太阳能供电、节能设备和智能调度技术，大幅降低能源消耗与碳排放，展现了国有企业在数字普惠和生态责任方面的双重担当。

(2) 宜家的CSR实践

英格卡控股有限公司（以下简称“宜家”）承诺到2030年实现气候积极（Climate Positive）目标，即减少的碳排放量超过其产生的排放量。该公司在全球门店采用LED照明、屋顶光伏发电系统和可持续木材采购策略，并推出“家具回购计划”以推动循环经济发展。此外，宜家还通过儿童教育基金会等项目履行社会责任，塑造“绿色、平等、有温度”的品牌形象。

2. ESG在企业中的实践

(1) 微软的ESG实践

微软通过“碳中和计划”，承诺到2030年实现碳中和，并到2050年消除公司自成立以来的所有碳排放。此外，微软还通过“AI for Earth”项目，利用人工智能技术解决环境问题，如气候变化、生物多样性保护等。

(2) 特斯拉的ESG实践

特斯拉通过生产电动汽车和推广清洁能源，积极应对气候变化趋势。公司不仅实现了快速增长，还获得了投资者的青睐。特斯拉还通过透明的公司治理和多元化的董事会，提升决策质量和公司绩效。

（四）从CSR到ESG：企业的战略升级

在新时代的浪潮中，企业面对的不仅是市场的竞争，更是价值观的抉择。ESG的崛起为企业指明了前进的方向：以环境保护为责任，以社会关怀为使命，以卓越治理为基础。

CSR是企业对道德和社会的坚守，是初心，更是使命。然而，时代的洪流滚滚向前，ESG成为新的旗帜，引领企业迈向可持续发展的高峰。在坚守CSR的基础上，融入ESG的理念，企业不仅是在履行责任，更是在拥抱未来！这是一次蜕变，是从单纯的社会回馈到全面的战略升级。在坚守中突破，在担当中重生，迈向新的阶段。

（五）结论

CSR与ESG不仅是企业社会责任的重要组成部分，也是企业实现可持续发展的重要路径。通过CSR和ESG实践，企业不仅可以提升品牌形象和消费者忠诚度，还可以获得更多的融资机会和投资潜力。未来，随着全球化的深入和技术的进步，CSR与ESG的重要性将越来越凸显，企业需要不断创新和优化 CSR 与 ESG 实践，以实现真正的可持续发展和社会进步。

五、多元化、公平与包容

（一） 理念的源起与概念

多元化、公平与包容（Diversity，Equity，and Inclusion，简称“DEI”）是指拥有不同种族、民族、宗教、性别和能力等多元背景的员工在组织中能够感受到尊重和包容，并获得公平的机会。它包括三个核心组成部分。

多元化（Diversity）：指招聘和维持具有不同性别、种族、文化背景、语言和其他身份特征的员工团队。多元化强调的是劳动力背景及特质的多样性，包括性别、年龄、种族、身体特征、社会阶层、身体能力、宗教、道德价值观和国籍等。

公平（Equity）：在职业发展、晋升、培训机会和资源分配上，消除障碍，确保所有员工都得到公平对待，尤其是那些在历史上或当前面临结构性不平等的群体。公平强调公平对待所有人，使得每个人都享有公平的待遇、福利及发展机会，并且根据个体差异化及实际情况调整策略，以保障公平。

包容（Inclusion）：指组织或公司打造的文化氛围，即让劳动者在包容的环境中进行工作。一个包容的工作场所通过重视并尊重员工的才能、信仰、背景和生活方式，促进和维持员工的归属感。基于此，员工可以充分表达自身的想法，并结合企业多元化的因素，为企业贡献不同角度的观点。

（二） DEI 与 ESG 的关系

DEI 是 ESG 中社会（Social）主题下的子议题，也是践行 ESG 理念的支柱之一。对于企业而言，可持续的商业系统离不开人和人的行为，对 ESG 有战略规划和绩效追求的企业都需要关注自身的 DEI 实践。

1. DEI 对 ESG 的直接贡献

DEI 在 ESG 框架下对社会发展和治理水平提升作出直接贡献，对 ESG 投资的评级和决策有着重要的影响。DEI 通过促进多元化团队建设，提高员工参与度和留存率，从而为长期业务成功作出贡献。这种多元化不仅体现在员工背景的差异上，也体现在包容性的领导和治理上，这对于企业的有效治理至关重要。多元化的领导层更有可能制定确保问责、透明度和道德决策的政策。

2. DEI 与 ESG 的合规性

DEI 和 ESG 共同提升监管合规性，确保公平待遇和资源分配基于个体需求，这不仅是道德责任，也是法律义务。例如，美国的《残疾人法案》《民权法案》、英国的《平等法案》、欧盟的《工资透明度指令》都要求组织解决薪酬差距和促进公平待遇，这些都是维护 DEI 和 ESG 原则的关键。

3. DEI 与 ESG 的经济效益

DEI 和 ESG 的结合能够提高企业的收入和投资潜力。研究表明，越来越多的投资专业人士在决策时会考虑 ESG 因素，这凸显了将这些因素整合到商业战略中对吸引负责任的投资者并确保财务稳定的重要性。通过这些举措，企业不仅能够提升其在 ESG 评级中的表现，还能够吸引更多的投资者，从而促进企业的长期发展和社会的整体进步。

（三） 应用与发展

DEI 被广泛应用于工作场所、政策制定、社区参与、教育等不同的领域，它不仅仅是一种组织升级的方式，更是一种实现共赢的重要路径。DEI 关注的不仅是企业员工发展的问题，更是社会性的议题，需要企业肩负起更多的社会责任，将 DEI 的影响延伸至更广阔的地方。

当下，在全球新的经济形势下，企业迎来前所未有的挑战和机遇，呼唤新的组织生态、管理模式和领导风格。越来越多的企业把推动 DEI 进程并开展创新实践作为组织发展、核心竞争力提升的“引擎”。

（四） 国内外企业的 DEI 实践案例

1. 国内企业的 DEI 实践

（1）百度

百度在线网络技术（北京）有限公司（以下简称“百度”）将“科技无障碍”纳入 DEI 核心议题，研发了多项无障碍产品，如“百度地图无障碍模式”和“文心大模型语音识别辅助工具”等，为视障、听障等残障群体提供便利。同时，公司在人才招聘方面开设“残障平权”专场，确保特殊群体在人工智能（Artificial Intelligence，简称“AI”）、运营、数据等岗位获得公平的就业机会。此外，百度还通过设立心理支持热线、推行弹性工时制度等措施，支持多元员工的职场适应与发展。

（2）字节跳动

北京字节跳动科技有限公司（以下简称“字节跳动”）凭借其全球化团队优势，在DEI领域特别注重跨文化与跨背景的团队协作。公司制定了“无偏见招聘指南”，旨在消除性别、年龄和国籍等方面的偏见，同时推行“非学历出身”的人才选拔机制。在女性职业发展方面，公司设立了“成长加速营”和“技术女性培养计划”等项目，致力于提升女性在技术岗位和管理层中的占比。此外，字节跳动还通过建立匿名支持社群，切实推动职场包容文化的建设。

2. 国外企业的DEI实践

（1）谷歌

谷歌在DEI方面的实践主要体现在多元化和包容性上。公司通过设立多元化的招聘政策，确保不同性别、年龄、种族和背景的员工都能获得公平的就业机会。此外，谷歌还推出了“包容性领导力培训”项目，旨在提升管理层对多元化和包容性的理解和实践。通过这一项目，谷歌不仅提高了员工的多样性和包容性，还增强了公司的创新能力。

（2）微软

微软在DEI方面的实践主要体现在公平性和包容性上。公司通过建立透明的晋升机制和薪酬体系，确保所有员工都能获得公平的待遇。此外，微软还推出了“无障碍办公环境”项目，为身体有障碍的员工提供便利的工作条件。通过这些举措，微软不仅提升了员工的满意度和忠诚度，还增强了公司的社会责任感。

（五）未来发展趋势

随着全球经济的不断发展和社会的进步，DEI的重要性将越来越凸显。未来，DEI的发展趋势将主要体现在以下几个方面。

1. 技术驱动的 DEI 实践

随着人工智能和大数据技术的发展，企业将能够更精准地识别和解决 DEI 问题。例如，通过数据分析，企业可以识别出哪些群体在晋升和薪酬方面存在不公平现象，并采取相应的措施加以改进。

2. 全球化的 DEI 标准

随着全球化的深入，企业将面临来自不同国家和地区的 DEI 标准。未来，企业需要制定全球化的 DEI 战略，确保在不同国家和地区都能实现多元化、公平和包容。

3. DEI 与可持续发展的深度融合

未来，DEI 将与可持续发展深度融合，成为企业可持续发展战略的重要组成部分。企业不仅需要关注环境和社会问题，还需要关注员工的多元化和包容性，以实现真正的可持续发展。

（六） 结论

DEI 不仅是企业社会责任的重要组成部分，也是企业实现可持续发展的重要路径。通过多元化的招聘政策、公平的晋升机制和包容的工作环境，企业不仅可以提升员工的满意度和忠诚度，还可以增强公司的创新能力和社会责任感。国内外许多优秀企业已经在 DEI 方面取得了显著的成果，这些实践案例为其他企业提供了宝贵的经验和借鉴。未来，随着技术的进步和全球化的发展，DEI 的重要性将越来越凸显，企业需要不断创新和优化 DEI 实践，以实现真正的可持续发展。

六、价值链与供应链

（一） 定义与区别

1. 价值链

价值链（Value Chain）是指企业在产品或服务的整个生命周期，从概念设计、原材料采购、生产制造、物流配送到最终消费及回收处理等所涉及的各个环节、资源和关系。价值链不仅包括企业内部的活动，还涵盖了企业与外部环境的互动，如供应商、客户、合作伙伴等。

在 ESG 框架下，价值链的关注点在于企业在产品或服务生命周期的各个环节中对环境和社会的影响。企业通过优化价值链中的各个环节，可以减少资源浪费、降低碳排放、改善劳工条件等，从而实现更可持续的经营模式。

2. 供应链

供应链（Supply Chain）是指企业与其供应商之间的关系和活动，涵盖了从原材料采购到最终产品或服务交付的全过程。供应链管理包括供应商选择、采购合同、物流运输、质量控制等环节。供应链管理的核心在于确保原材料和产品的顺利流动，同时控制成本、提高效率。

在 ESG 框架下，供应链管理的重点在于企业与供应商之间的合作关系，以及供应商在环境、社会和治理方面的表现。企业通过选择合规且负责任的供应商，可以避免与不符合 ESG 标准的供应商合作，从而减少环境和社会风险。

3. 价值链与供应链的区别

关注点不同：价值链关注的是企业在产品或服务生命周期中的各个环节对环境和社会的影响，而供应链关注的是企业与供应商之间的合作关系及供应商的 ESG 表现。

范围不同：价值链的范围更广，涵盖了从产品设计到最终消费的全过程，而供应链的范围相对较窄，主要集中在原材料采购到产品交付的环节。

目标不同：价值链的目标是通过优化各个环节，减少环境和社会影响，而供应链的目标是通过优化供应商关系，确保供应链的可持续性。

（二） ESG 视角下的价值链管理

1. 价值链中的环境因素

在 ESG 框架下，价值链中的环境因素是企业需要重点关注的领域之一。企业可以通过优化价值链中的各个环节，减少对环境的负面影响。具体措施如下。

资源利用效率：企业可改进生产工艺、采用节能技术，提高资源利用效率，减少资源浪费。

碳排放管理：通过使用清洁能源、优化物流运输等方式，减少碳排放，降低碳足迹。

废弃物管理：借助循环经济模式，减少废弃物的产生，同时通过回收利用，延长产品的生命周期。

2. 价值链中的社会因素

价值链中的社会因素主要涉及劳工权益、社区关系等。企业可以通过以下方式改善其社会影响。

劳工权益保护：确保员工的工作环境安全，提供公平的薪酬和福利，保障员工的合法权益。

社区参与：积极参与社区发展项目，支持当地的教育、医疗等社会事业，提升企业的社会形象。

消费者权益保护：保障产品的质量和安全，保护消费者的个人信息，满足消费者的需求。

3. 价值链中的治理因素

价值链中的治理因素主要涉及企业的透明度、问责制等。企业可以通过以下方式提升价值链中的治理水平。

信息披露：定期发布 ESG 报告，向利益相关者公开其在环境、社会和治理方面的表现。

供应链透明度：提高供应链的透明度，公开供应链信息，接受社会监督，避免供应链中的不道德行为。

（三）ESG 视角下的供应链管理

1. 供应链中的环境因素

在 ESG 框架下，供应链中的环境因素是企业需要重点关注的领域之一。企业可以通过以下方式优化供应链中的环境表现。

绿色采购：优先选择符合环保标准的供应商，采购环保材料和产品，降低供应链中的环境风险。

物流优化：优化物流运输，减少运输过程中的碳排放，降低对环境的影响。

供应商环境管理：督促供应商遵守环保法规，减少生产过程中的环境污染，推动供应链的绿色转型。

2. 供应链中的社会因素

供应链中的社会因素主要涉及劳工权益、供应商关系等。企业可以通过以下方式改善其在供应链中的社会影响。

供应商劳工权益保护：监督供应商遵守劳工权益保护法规，避免使用童工、强迫劳动等不道德行为。

供应商关系管理：与供应商建立长期合作关系，支持其可持续发展，提升供应链的稳定性。

社区参与：与供应商合作，参与社区发展项目，提升供应链的社会责任表现。

3. 供应链中的治理因素

供应链中的治理因素主要涉及供应商的透明度、合规性等。企业可以通过以下方式提升供应链中的治理水平。

供应商合规管理：要求供应商遵守相关法律法规，确保供应链的合规性，规避法律风险。

供应商透明度：要求供应商公开其 ESG 表现，接受社会监督，提升供应链的透明度。

供应商评估与审核：定期对供应商进行 ESG 评估和审核，确保其表现符合企业的要求。

（四） 企业实践案例

1. 价值链管理案例：苹果公司

苹果公司通过优化价值链中的各个环节，减少对环境和社会的影响。公司通过使用可再生能源、减少废弃物排放、改善劳工条件等措施，提升其在 ESG 方面的表现。苹果公司还通过发布 ESG 报告，向利益相关者公开其在价值链中的环境和社会表现。

2. 供应链管理案例：耐克公司

耐克公司通过优化供应链管理，提升其在 ESG 方面的表现。公司通过选择符合环保标准的供应商、优化物流运输、改善供应商劳工条件等措施，减少供应链中的环境和社会风险。耐克公司还通过定期发布供应链报告，向利益相关者公开其供应链的ESG表现。

（五） 价值链与供应链的协同管理

在ESG框架下，企业需要综合考虑价值链和供应链的管理，以实现可持续发展。具体措施如下。

整合ESG目标：将ESG目标纳入价值链和供应链的管理，确保两者在环境、社会和治理方面的协同。

加强信息共享：加强价值链和供应链之间的信息共享，确保各个环节的ESG表现一致。

定期评估与改进：定期评估价值链和供应链的ESG表现，识别存在的问题和改进的空间，持续优化管理策略。

（六） 结论

在ESG框架下，价值链和供应链是企业实现可持续发展的双轮驱动。通过优化价值链中的各个环节，企业可以降低其经营活动对环境和社会的负面影响；通过优化供应链管理，企业可以确保供应链的可持续性。企业需要综合考虑价值链和供应链的管理，制定明确的ESG目标，加强信息共享，定期评估与改进，以实现可持续发展和社会进步。未来，随着ESG要求的不断提高，企业需要不断创新与优化价值链和供应链管理，以应对复杂的社会和经济环境，实现长期的可持续发展。

七、社区关系

社区通常指的是企业所在的地理区域或是与企业活动相关的其他群体或利益相关者。社区关系是指企业和所在社区之间在经济、社会、文化与环境等多个层面的相互作用和影响。企业与社区之间相互依存、相互影响，这种关系的良好与否直接影响到企业的经营效益与社会责任履行。

社区关系是ESG实践中的一个重要领域，尤其当企业新址落成、选择进入一个新社区时，都不可避免地会面临与社区旧有利益的冲突。社区关系不仅仅是企业对外的一种品牌形象塑造，更是企业可持续发展的核心战略。通过与社区建立良好的关系，企业不仅能够获得社会的支持，还能够通过优化自身运作，提升企业的长期竞争力。因此，企业与其所处社区互动，并对当地的环境、经济和社会发展产生影响至关重要。

（一）关键组成部分

1. 经济贡献与就业机会

企业与社区之间存在密切的经济关系，企业的运营往往能为社区提供大量的就业机会。尤其是在制造业和服务业，如郑州某大型企业、上海某超级工厂等，企业往往是当地劳动力市场的重要组成部分。通过提供就业机会，企业不仅能直接促进地方经济发展，还能提高居民的收入水平，从而增强社区的消费能力。

2. 环境问题与社区健康

环境保护在社区关系中也至关重要，企业如何处理自己的生产活动对环境的影响直接关系到其与社区的关系。企业的污染排放、资源消耗等都会对周边环境产生影响，进而影响到社区居民的生活质量。

3. 社会责任与企业形象

社区关系中最显著的一部分是企业的社会责任体现。企业社会责任不仅是法律和道德义务的体现，更是企业与社区建立信任的基础。例如，一些大型企业会设立慈善基金，资助社区内的学校，与社区深度融合，共同度过节日或者提供社区基础设施建设的支持。

这些行动不仅能帮助社区解决一些亟待解决的问题，还能塑造企业的良好公众形象，提升企业的品牌价值。对于企业来说，承担社会责任不仅是道德义务，还是提升竞争力的重要手段。

4. 社区参与与公共政策

企业与社区之间的关系不仅仅是通过慈善捐赠和公益活动来维系的，随着社会意识的提升，企业参与公共政策和社区治理的能力变得尤为重要。在现代社会，企业越来越被期待参与到地方政府的社会发展政策中，为政策的制定和实施提供支持。例如，企业可以在社区内举行听证会或座谈会，邀请居民和利益相关者共同讨论涉及企业运营的公共事务。这种参与有助于企业了解社区需求，及时调整发展战略，同时也能促进企业与社区之间的沟通和合作。

（二）管理和建设

企业与社区的关系并非一成不变，它需要持续的管理和维护，如果没有维护好，可能会对企业和社区双方均产生负面影响。

经济影响上，一方面，企业通过提供就业、进行投资和缴纳税金，能为社区带来经济增长和社会福利；另一方面，企业如果未能维护好与社区的关系，可能会导致当地经济的衰退。例如，当企业关闭工厂或迁移生产基地时，可能会导致大量的就业岗位流失，影响到社区居民的生活水平。一些企业在全球化扩展过程中，为了节省成本，将生产迁往劳动力成本更低的地区，导致原本的生产基地所在社区失业率攀升，甚至造成社会动荡。这类做法不仅会对社区的经济发展造成冲击，还可能导致社会的不安和不满情绪，影响企业的长远利益。

环境影响上，企业在生产过程中对环境的影响直接关系到社区居民的生活质量。企业如果不能妥善处理内部水气声渣（废水、废气、噪声、固废）的排放，必然会引起居民等社区相关方的投诉，甚至导致政府的干预和法律的制裁。

文化价值上，企业的文化和价值观与当地社区的文化、社会习惯之间的冲突可能会对社区产生负面影响。特别是在跨国公司进入新市场时，若未能尊重和理解当地的文化背景与习俗，可能会引发文化冲突，影响到社区的社会稳定与和谐。例如，某些外资企业进入某一地区时，若强行推行自己国家的工作方式和管理模式，而忽视当地员工的需求和传统，就有可能引发社区居民的不满，甚至激起对立情绪，最终影响到企业的运营。

公共政策上，社区在政府政策制定和执行中的作用越来越重要，特别是在地方治理中，如果企业与社区关系不良，可能会面临更严格的地方政府审查和法规管控。

那么如何维护好社区关系呢？

1. 建立沟通机制

良好的沟通是企业与社区关系的基础。企业应当通过各种渠道，如社区活动、企业开放日、线上社交平台等，主动与社区居民和各类利益相关者保持联系。在与社区互动时，企业应当聆听社区的意见和诉求，了解居民的需求，同时也要向社区公开展示企业在社会责任和环境保护方面的努力与成果。

2. 透明度与诚信

透明度是赢得社区信任的关键。企业应当在其业务操作、环保措施、社会责任等方面保持高度透明，通过定期发布社会责任报告或可持续发展报告，向社区和公众展示企业的行为与承诺。通过信息公开，企业不仅能展示其责任感，还能让社区更加了解企业的运作，增强社会的支持力度。

3. 建立长期合作伙伴关系

企业与社区的关系应当是长期合作的关系，而非短期的捐赠或援助。企业应当与社区建立稳定的合作伙伴关系，共同推动社区发展。这种长期合作关系可以在多个领域展开，如基础设施建设、社会福利项目、教育培训等。通过与社区的共同努力，企业能够获得社会资源的回报，并在市场中塑造长远的品牌形象。

4. 关注社区文化和多样性

每个社区都有其独特的文化和价值观。在建立社区关系时，企业应尊重当地的文化传统和多样性，避免与社区文化发生冲突或产生负面影响。例如，企业在开展公益活动时，应当考虑社区居民的文化背景，确保活动的内容与形式能够得到社区的理解和支持。通过文化适应，企业能够更好地融入社区，赢得社区的认同和支持。

八、劳工权益

在 ESG 框架中，劳工权益属于“社会”维度。劳工权益是指劳工在工作中应享有的基本权利和利益，这些权利主要包括工资、工作条件、职业安全、非歧视性待遇，以及在遭遇不公平待遇时有合法维权的途径和保障等内容。随着全球化的发展，企业在全球供应链中对劳工权益的关注度越来越高，特别是在发展中国家和地区，劳工权益问题时常成为国际社会关注的焦点。

（一）核心内容

工资与待遇是劳工权益的核心内容之一。企业必须保证员工获得与其劳动付出相匹配的工资待遇，工资水平不仅要符合国家或地区的最低工资标准，还应考虑生活成本、员工的职业技能、工作性质等因素。在许多发展中国家，尤其是低收入地区，企业支付的工资往往低于生活成本，这会直接影响员工的基本生活。除了工资，福利待遇同样是劳工权益不可或缺的部分。福利待遇包括健康保险、失业保险、养老金等，是员工在工作之外的保障内容。社会保障制度的建设对提高员工的生活质量、保障其退休后的基本生活至关重要。企业应根据所在国家或地区的法律法规，提供符合标准的社会保障待遇，或者在条件允许的情况下提供更优厚的福利待遇。

反歧视与平等待遇是劳工权益的基本原则。无论员工的性别、种族、宗教、年龄或其他身份特征，企业都应为员工提供平等的就业机会，避免在招聘、薪酬、晋升等方面存在歧视。

工作条件与环境直接影响员工的身心健康。良好的工作环境包括安全、清洁、适宜的工作空间，以及员工在工作过程中能够获得的支持和资源。企业必须确保工作场所不对员工的健康构成威胁，并采取必要措施减少事故发生的风险。尤其是在一些高风险行业如建筑、矿产、化工等领域，职业安全与健康备受关注。企业应建立健全的安全管理体系，定期进行安全培训，开展风险评估与应急演练。对于员工来说，企业应该提供必要的个人防护装备（Personal Protective Equipment，简称“PPE”）并制定安全操作规程，以确保员工在工作中不受伤害。

工会自由是指员工有权自由组织工会，代表自己与雇主进行集体谈判。这是劳工权益的重要体现，能够保障员工在面对雇主时的议价能力和集体发声的机会。在国际社会，工会是改善劳工待遇和工作条件的有效工具。企业应尊重员工组建工会的权利，并与工会进行良好的沟通与协作。

随着现代工作模式的变革，员工对工作与生活的平衡越来越重视。企业应尽可能为员工提供灵活的工作安排，如弹性工作时间、远程工作等。这不仅有助于提升员工的工作效率，还能提升员工的忠诚度和企业的吸引力。

（二） ESG 表现

ESG 框架中，社会维度涵盖了企业如何对待员工，特别是供应链中的劳工，以及更广泛的社区责任。在社会维度下，劳工权益保障被视为企业履行社会责任的基础。

企业在劳工权益方面的表现直接影响到其社会维度的评分。许多国际评级机构如 MSCI、Sustainalytics 等，都将劳工权益保障作为评估企业社会维度的重要指标。例如，是否存在工资拖欠、强迫劳动、儿童劳动等违法行为，是否尊重员工的工会自由与集体谈判权，以及是否提供公平的晋升机会、职业安全与健康等，都会在企业的社会责任评分中体现出来。

1. 劳工权益与企业声誉的关系

企业的品牌和声誉是其长远发展的核心竞争力之一，而劳工权益是影响企业声誉的关键因素之一。当前，消费者、投资者和媒体对企业的社会责任越来越关注，尤其在社交媒体的高度透明化下，任何不符合社会期望的行为都可能迅速被曝光并引发公众的强烈反应。例如，如果一家企业被曝光存在强迫劳动、低工资、恶劣工作环境等问题，那么其品牌形象和声誉必将遭到严重损害，可能导致消费者的抵制和媒体的负面报道，从而影响到企业的市场份额和收入。

2. 劳工权益与企业治理结构的关系

企业在劳工权益方面的表现与其治理结构有着紧密的联系。优秀的公司治理结构不仅能确保企业的战略和运营符合股东利益，还能帮助公司妥善管理社会和环境风险。在劳工权益方面，企业需要通过设立专门的管理部门、制定相关政策、进行合规审核等方式，确保劳工权益的保障措施得以有效落实。

在一些成熟市场，企业的董事会往往会设立人力资源委员会或者专门的社会责任委员会，负责监督与劳工相关的政策和实践。这些委员会的作用是确保企业在劳工权益保障方面的表现符合社会期望，并采取适当的措施来防范和应对潜在的风险。例如，在劳工安全、工资支付、工会管理等方面，董事会可以通过审查报告、内部审计等方式来确保企业符合国际劳动标准和法律法规。

3. 劳工权益与投资者的关系

近年来，投资者越来越关注企业在劳工权益方面的表现。环境、社会和治理投资策略的兴起使得投资者在选择投资对象时，开始更加注重企业的社会表现。研究表明，良好的劳工权益管理与企业的长期财务表现存在正相关关系，这也是许多机构投资者在评估企业时考虑的重要因素。

许多社会责任投资基金已将劳工权益作为评估投资标的的重要标准。对于这些基金的管理者而言，企业的劳工权益表现直接影响其投资决策，因此，企业在保障劳工权益方面的良好表现将有助于吸引更多的资本流入，提高股东价值。

4. 劳工权益和员工满意度与生产力的关系

企业在劳工权益方面的表现直接影响员工的满意度和忠诚度。当企业为员工提供安全、公平和有竞争力的工作环境时，员工的工作热情、团队合作精神和创新能力会显著提升，从而提高员工整体的生产力和企业的运营效率。

2024 年 11 月 19 日，欧盟理事会最终通过了《欧盟市场禁止强迫劳动产品条例》，条例明确禁止在欧盟市场销售、进口和出口使用强迫劳动制造的产品，这些产品涵盖所有行业及供应链各阶段。无论这些产品是在原料开采、收获、生产环节还是在制造环节，只要涉及强迫劳动，均被明确禁止进入欧盟市场，同时已流入欧盟市场的不符合要求的产品还将面临被撤回的风险，这一条例对计划出口欧盟市场的企业提出了更高的合规门槛。企业应认识到，劳工权益的保障不再是一个短期的合规要求，而是一个长期的战略选择。

九、产品责任与消费者保护

产品责任，广义上是指生产商、销售商等产业链中的各方对于产品安全性、合规性、可持续性及对消费者的潜在危害所承担的责任。其核心是保护消费者免受产品缺陷所导致的身体、财产损害等负面影响。

从历史上看，产品责任的法律概念最早可以追溯到 18 世纪的英国，在工业革命的背景下，随着大量消费品的生产与销售，公众开始关注产品缺陷对人身安全的威胁。到20世纪，特别是70年代以后，随着消费社会的发展，产品责任逐渐成为全球范围内的重要话题，尤其是欧美地区，许多国家开始通过立法保护消费者的权益。

在ESG框架中，产品责任已经不只是传统法律意义上的“产品安全”，而是涵盖了产品全生命周期的影响。从产品原材料的获取，产品的设计、生产、运输乃至废弃，企业需要对产品的每一环节负责，尤其需要对环境和社会的影响负责。

例如，许多科技公司、汽车公司开始承担起从产品设计到制造过程中的环境影响责任，减少能源消耗，优化材料使用，避免资源浪费等。产品责任在此过程中不仅包括对消费者权益的保护，还包括如何减少产品对自然环境的负担，从而为企业的可持续发展奠定基础。

（一）产品责任的法律框架与全球趋势

世界各国关于产品责任的法律法规有所不同，但大多数国家的法律都是从消费者保护出发，要求企业确保产品质量和安全。

例如，美国的《产品责任法》规定，企业必须确保其产品无缺陷，且不对消费者造成损害，否则将承担法律责任。美国的法律体系也强调在产品缺陷导致事故时，消费者有权要求赔偿。

欧盟的《产品责任指令》要求企业对其产品的缺陷承担严格的无过失责任，即便在没有过失的情况下，企业也要承担责任。欧盟还规定了产品的可追溯性，消费者可以追溯到具体的产品制造商，以确保能在发生问题时找到责任方。

中国在《中华人民共和国消费者权益保护法》和《中华人民共和国产品质量法》中也明确规定了生产企业在产品缺陷方面的责任。消费者购买的产品若出现缺陷，企业不仅要提供修理、更换或退货服务，还要承担相应的经济赔偿责任。

随着消费者对社会责任的关注不断增强，全球范围内的产品责任法规不断完善，社会舆论的压力也在不断提高。例如，近年来，消费者对有害物质（如塑料、重金属等）使用的关注促使企业在产品设计时更加注重使用环保材料，推出无害化产品。

一些跨国公司已经在产品责任方面进行了创新，不仅遵守法律要求，还通过自我约束承诺在全球范围内推行严格的环境与社会标准。通过 ESG 报告等形式，这些企业向社会证明其对产品责任的重视，不仅提升了品牌的信誉，还提高了消费者对其产品的忠诚度。

（二） 消费者保护

在现代社会，消费者保护的核心是保障消费者在市场交易中的基本权益。根据国际消费者保护组织的定义，消费者保护涵盖以下几个方面。

产品安全：确保产品在使用过程中的安全性，防止消费者因使用缺陷产品而遭受伤害。

信息透明：企业应确保产品信息的透明度，向消费者清晰告知产品的成分、用途、风险等。

合法权益：即消费者在购买商品时享有的基本权利，包括知情权、选择权、公平交易权等。

然而，尽管许多国家已经建立了完善的法律体系，但是消费者保护的实施效果仍存在差异。尤其是在一些发展中国家，法律执行力度相对较弱，消费者的基本权益尚未完全得到保障。特别是在全球化和数字化的背景下，消费者保护还面临着新的挑战。

随着全球电子商务的兴起，消费者的购买行为不再局限于本地市场。跨境电商让消费者能接触到更多的国际品牌，但这也带来了如何保护跨境消费者权益的问题。由于不同国家的法律存在差异，消费者在跨境购物时可能无法及时获得售后服务或追究产品责任。

科技的快速发展，让虚拟产品（如数字商品、软件、虚拟货币等）日益普及。消费者购买虚拟产品时，如何确保其权益得到保障是一个新问题。虚拟商品的质量、来源及可能发生的安全问题，需要新型的法律和社会保护措施来解决。

尽管许多企业已认识到信息透明的重要性，但由于行业的复杂性，消费者往往处于信息不对称的劣势。例如，在购买高科技产品时，消费者往往难以理解产品的技术参数，难以评估其对环境和社会的潜在影响，这就要求企业更加负责任地提供清晰的产品信息。

（三） 从企业角度看产品责任与消费者保护

在现代商业环境中，企业的社会责任不仅是遵守法律规定，更重要的是在产品责任和消费者保护方面建立起深厚的信任感。企业的行为往往受到消费者和社会舆论的监督，消费者更加倾向于选择那些对其利益负责的品牌和企业。因此，企业的品牌形象、社会责任感和消费者保护意识已经成为企业竞争力的一部分。

从 ESG 的视角看，产品责任和消费者保护为企业提供了创新的机会。企业将环境的可持续性纳入产品设计，减少资源消耗和环境污染，符合绿色消费趋势，能够吸引环保意识较强的消费者。

企业可以通过教育消费者提高其对产品生命周期、可持续性等的认识，带动市场上的绿色消费。

企业可以通过与消费者的互动，收集反馈，了解市场需求，改进产品，创造更符合消费者期望的产品。通过这种方式，企业可以提升消费者的忠诚度，推动产品和社会的共同进步。

产品责任与消费者保护是企业社会责任的重要组成部分，在 ESG 理念的引导下，企业不仅要履行法律责任，还要主动承担起更多的社会责任。随着消费者认识水平的提升以及法律法规的完善，只有那些能够在产品责任中做到合规、创新并真心关怀消费者的企业，才能赢得市场的长期信任，保持持续的竞争力。

十、EcoVadis 评估

EcoVadis 是一个企业社会责任评级平台，由总部位于法国的 EcoVadis 公司建立，专注于评估全球环境、劳工人权、供应链的可持续性和商业道德标准。EcoVadis 提供了一种简便快捷的方法，帮助企业了解其在可持续发展和社会责任方面的表现，并为企业提供改进的方向和建议，帮助其识别改进机会并与同行进行对标。目前，中国区域的企业 EcoVadis 评估均由 EcoVadis 香港办公室负责评估，有且仅有此一家。

（一）四大主题

EcoVadis 评估体系涵盖 4 个主要主题（表 3-1）。

表 3-1 EcoVadis 评估体系

主要主题	标准	评价
环境	① 能源消耗及温室气体排放 ② 水资源管理 ③ 生态环境与物种多样性保护 ④ 原材料、化学品与废弃物管理 ⑤ 当地环境与意外污染 ⑥ 产品生命周期管理等	企业在这些领域的表现，反映了其对环境可持续发展的重视程度
劳工与人权	① 员工健康与安全 ② 工作条件 ③ 职业发展 ④ 平等就业等	旨在确保企业在促进员工福祉和人权保护方面达到高标准
商业道德	① 反腐败 ② 反不正当竞争 ③ 市场营销伦理等	通过对企业商业行为的审查，确保其在商业道德方面具备合规性和诚信度
可持续采购	① 供应商的环境表现 ② 供应商的社会责任履行情况等	帮助企业确保其合作伙伴同样遵循可持续发展的理念

（二） 评估方法与管理支柱

EcoVadis 的评估方法基于国际标准，如全球报告倡议组织标准、联合国全球契约组织标准、ISO 26000 社会责任指南等，由国际科学委员会进行监督和审查。

EcoVadis 采用三大管理支柱来衡量企业社会责任管理体系的质量：政策（Policy）、行动（Actions）、结果（Results）。其中，政策层面评估企业是否建立明确的社会责任政策和目标，如环境保护政策、员工福利政策等；行动层面分析企业为落实这些政策而采取的具体措施，如可持续发展计划、员工培训等；结果层面则评估企业在政策推行和措施执行后的实际成果，包括量化的绩效数据、认证证书等。这三大管理支柱又进一步细化为 7 项管理指标，包括政策公开背书、措施实施情况、认证情况、覆盖范围、报告等，全面评估企业在企业社会责任管理中的各个环节。

（三） 评估流程

EcoVadis 的评估流程相对简单且透明，具体如下。

1. 企业按行业申请评估

企业前往 EcoVadis 注册页面，填写相关信息，完成注册，申请评估。

2. 问卷制作

EcoVadis 进行问卷制作，周期为 1—5 个工作日。

3. 问卷填报

企业按照问卷内容填报，周期为 40 天，可延期 60 天。

企业需要提交与企业社会责任管理相关的支持性文件，这些文件可能包括企业可持续发展报告、社会责任审计报告、环境健康与安全（Environment Health and Safety，简称“EHS”）报告、商业道德准则、员工手册、认证文件（如 ISO 14001、ISO 45001）等。

需要特别注意的是，EcoVadis 最多只接受企业提交 55 份文件，若要更高的 EcoVadis 评分，学会进行文件合并很重要。不同主题的教育培训记录所形成的合并文件往往不被接受，而各类废气设施的检测报告合并文件则会被接受。另外，EcoVadis 不接受没有被评估企业名称或 Logo 的文件，不接受过期文件（记录类文件的有效期为 2 年），不接受格式不正确以及文件储存占用超过 30M 的文件。显然，在文件内插入一些网页链接也是不被允许的。

4. 问卷提交

企业提交问卷，EcoVadis 会根据这些文件的信息进行评分，生成企业的社会责任表现记分卡，周期一般为 6—8 周，然而对复杂企业而言，周期通常为 60—100 天。

EcoVadis 评估认证的有效期：自发布日期起有效期为 12 个月。

（四）评分等级与奖项

EcoVadis 宣布，自 2025 年起对其评分模型进行重大升级，最显著的变化之一是评分展示的透明化。此前，EcoVadis 评分采用四舍五入的方式，将某些得分如 52 分四舍五入为 50 分，这就导致 51 分、59 分与 54 分、55 分的企业在最终得分上都相差 10 分，然而在实际得分表现上，这些企业的差距并没有这么大。新模型将不再使用这种方式，而是直接展示每个主题的实际得分。例如，如果某企业在劳工人权方面得分为 68 分，记分卡上将显示68 分，而非四舍五入为70 分。这一变化能帮助企业更加清晰地了解自身在每个主题上的具体表现。

EcoVadis 评分等级分为：0—24 分，等级为不足；25—44 分，等级为部分认可；45—64 分，等级为良好；65—84 分，等级为高级；85—100 分，等级为优秀。

同时，采用百分比排名的方式为企业颁发奖牌，最终将企业分为以下四个等级。

铂金（Platinum）：78—100 分，前 1% 的企业，代表顶尖的企业社会责任表现。

金牌（Gold）：70—77 分，前 5% 的企业，表明企业在社会责任方面有非常突出的表现。

银牌（Silver）：59—69 分，前 15% 的企业，说明企业的社会责任表现良好。

铜牌（Bronze）：50—58 分，前 35% 的企业，具备合格的企业社会责任实践。

此外，EcoVadis 还设有奖章（Medal），如“承诺奖章（Committed）”，授予评分大于等于45 分且相比于18 个月前提升6 分以上的企业，以表彰在一定时间内表现提升显著的企业。

取得 EcoVadis 奖牌的公司不会再获得 EcoVadis 承诺奖章。当企业同时满足获得奖牌和承诺奖章的条件时，会优先获得奖牌。

（五）评分影响因素

影响 EcoVadis 评估得分的关键因素主要包括以下几个方面。

1. 企业规模

评估时会考量企业的规模和在市场上的影响力。不同地区的业务数量、员工数量都会对评分产生影响。

2. 企业认证情况

企业是否具备相关的认证，特别是涉及可持续发展和社会责任的认证，对 EcoVadis 的评分非常重要。

3. 外部审查与负面影响

企业在劳工、人权、环境等四个主要主题下的外部审查记录或相关负面事件会对评估结果造成影响。

4. 提交文件的质量

提交文件的内容是否全面、清晰且符合要求，文件格式是否满足标准，均是评分的关键。

5. 回答的详细程度

企业回答 EcoVadis 问卷时的详细程度，尤其是在展示企业持续改进和社会责任方面的具体行动时。

6. 文件显示的可持续性问题

从提交的文件中能否发现企业在某些领域存在明显的可持续性问题，尤其是与环境、社会和治理相关的问题。

7. 企业持续发展成效

企业整体呈现的可持续发展成果，也会影响评分。企业能否展示其在可持续发展方面的系统性努力和成效，将是评估的重要依据。

以上这些因素相互作用，共同决定了 EcoVadis 对企业可持续性表现的评分。因此，企业需要在多个方面展现出其对社会责任和环境保护的承诺与实践。

第四章　G：治理

一、问责性与一致性

本书中的治理是指公司治理。广义的公司治理是指通过一套包括正式或非正式的、内部或外部的制度或机制来协调公司与所有利益相关者（股东、债权人、供应者、雇员、政府、社区等）之间的利益关系，以保证公司决策的科学化，从而最终维护公司各方面利益的一种制度安排。

狭义的公司治理是指所有者（主要是股东）对经营者的监督与制衡机制，这种机制主要通过股东大会、董事会、监事会及管理层构成的治理结构来落实。

公司治理的主要目的是解决所有权和经营权的分离、大股东和中小股东的利益冲突、股东和其他利益相关者（债权人等）的利益冲突等问题。其核心目的是通过有效的管理与监督，确保公司资源的合理配置、信息的透明披露、企业责任的履行，以及最终实现股东和其他利益相关者的长期利益。用一句话来概括，公司治理是监督公司业务运营和管理的过程及结构。

随着公司规模的不断扩大和复杂性的不断增加，以及所有权的日益分散，公司治理面临的挑战也愈加复杂。在这一过程中，董事会的作用显得尤为重要。董事会代表公司的所有者，确保管理团队在经营决策中履行管理职责。董事会的有效性体现在遵循良好的公司治理实践，确保公司运作透明、规范。

虽然公司治理的核心依赖于董事会的成员及其运作，但为了更好地履行董事会的职责，必须有完善的内部流程来支撑这一结构。在较小的公司中，企业高层通常可以更直接地掌控企业运作；但在大型企业中，适当的政策和行为准则显得尤为重要，必须通过流程化管理来确保这些政策和准则的有效实施。投资者可以通过审查公司政策的质量及董事会对这些政策执行的勤勉度来评估公司治理水平。根本上，董事会成员的素质水平及其决策的深思熟虑程度，才是衡量公司治理水平的核心标准。

在更为复杂的公司结构中，透明度和问责制是评估治理的关键要素。董事会的独立性和成员的专业能力直接关系到公司能否有效监督和执行战略目标。透明度不仅体现在信息披露的及时性和准确性上，还涉及企业对社会和环境责任的履行。

因此，在实践中，公司治理可以归结为问责制和一致性的统一。

（一）问责制

问责制通常指的是公司经营管理中的高层及管理者对股东、员工、客户、社会和其他利益相关方的责任。具体来说，问责制指的是被赋予决策权力的人应负起与权力相应的责任，并对决策的后果和所做工作的有效性负责。在 ESG 框架下，问责制的建立是公司可持续发展的基石。

有效的问责制有助于确保公司在面临复杂环境时能够作出恰当的决策，特别是在 ESG 相关的环境和社会责任问题上。例如，全球变暖、气候变化等问题已成为公司治理不可忽视的因素，如果公司管理层未能对这些问题作出充分的响应，不仅会损害企业的声誉，还可能面临监管惩罚或诉讼风险。

尽管问责制在理论上具有重要意义，但在实际操作中，它面临多个挑战。首先，问责制的落实依赖于公司清晰的治理结构。如果董事会的角色不明确或管理层过于集中，责任划分模糊，问责制可能形同虚设。其次，缺乏有效的监督机制和透明的信息披露，导致利益相关方难以掌握真实的公司运营状况，也就无法有效追究管理层的责任。

董事会的多样性能够显著增强问责制的实施，避免权力的过度集中。过于集中的权力往往会削弱董事会的整体功能，妨碍其履行监督责任。一个多元化的董事会能够有效地协商与调整公司的绩效和战略规划，提出不同的视角和意见，从而确保决策的全面性与深度。多样性的董事会成员更能够就公司议程、继任计划及高管薪酬等关键议题展开深入讨论，确保这些决策符合公司的长远利益，并且有利于各方利益相关者的公平参与。

（二） 一致性

一致性在公司治理中体现的是公司政策和执行措施的持续性与稳定性，尤其是在战略决策、公司文化对外部环境的响应方面。一致性是保持公司长期健康运作的关键，它有助于减少不必要的波动，并确保公司能够在复杂多变的市场环境中维持其战略方向和核心价值。

公司必须确保其业务战略和目标在各个层级之间是一致的，所有管理决策必须与公司的长远发展目标保持一致，避免短期利益的诱惑。管理层的决策应基于长远规划而非瞬时冲动，尤其是在环境、社会和治理方面的决策应体现公司的长期战略。

在企业文化中，所有员工、管理者都应遵循共同的价值观，包括诚实、透明、尊重环境等，这种一致性能够增强团队的凝聚力，并推动公司实现其社会责任目标。

在 ESG 框架下，一致性尤为重要。它可以确保公司在处理环境责任和社会责任时不会随意改变立场或政策。例如，在环保方面，如果公司在初期承诺减少碳排放，但随后的管理层因市场压力而放松了政策要求，那么公司的公信力和投资者的信任度将受到严重影响。相反，保持一致的行动不仅能够提升公司形象，还能够在长期中带来稳定的经济效益。

与问责制类似，一致性在实践中的执行也存在一定的挑战。公司在不同市场、不同文化背景下运作时，往往会遇到需要调整战略的情境，这导致战略和执行的不一致。此外，领导层变动和短期目标的压力也可能影响公司的战略一致性。因此，确保一致性不仅需要高层管理者的领导力支持，还需要有强大的制度和文化支撑。

（三） 问责制与一致性的相互关系

问责制与一致性虽然在定义和执行方面有所不同，但二者密切相关，相互促进。

问责制强化一致性，明确的问责机制促使企业在决策和行为上保持一致性，避免因个人行为偏差导致的治理失衡；一致性支撑问责制，稳定的治理标准为问责机制提供了明确的评判基准，使得责任的界定和追究更加公正与透明。

在面对外部风险时，问责制能够明确责任，帮助公司快速应对突发事件；而一致性则确保公司能够在不同的应对策略中保持稳定和连贯。尤其在应对全球性挑战（如气候变化、社会不平等问题等）时，问责制和一致性的结合能够使公司更具竞争力，并在市场中占据有利位置。

不同国家的法律对公司治理有不同的规定，但无论在哪个国家，治理的核心始终是“人、过程与文化”。良好的公司治理能够促进企业的稳健发展和长期繁荣，既服务于股东，也照顾到其他利益相关者的需求。

二、公司治理框架

董事会、监事会及高级管理层（以下简称“董监高”）作为公司治理的“三驾马车”，在现代公司治理中起到了决定性的作用。

董事会是公司的经营决策机构，向股东大会负责，负责制定公司的发展战略、经营方针及重大决策，并对管理层进行监督。董事会的构成通常包括执行董事和非执行董事。执行董事直接参与公司的日常运营管理，而非执行董事主要负责提供独立的意见，确保公司的决策有更高的透明度和客观性。另外，上市公司应当建立独立董事制度，董事会成员中应当至少有三分之一的独立董事。ESG 框架中还对董事会成员的性别等作出了相关要求，以确保董事会的多元化。

上市公司董事会可以按照股东大会的有关决议，设立战略、审计、提名、薪酬与考核等专门委员会。其中审计委员会为必须设立的委员会。在 ESG 框架下，部分公司单独设立有 ESG 委员会或与战略委员会合并成为战略与 ESG 委员会。

监事会的主要职责是对公司董事会、高级管理层的行为进行监督，特别是在财务和合规性方面。监事会成员通常由股东大会选举产生，独立于董事会和管理层。监事会的作用是确保董事会的决策符合法律法规，保护公司和股东的权益。

高级管理层负责公司的日常经营管理，直接执行董事会制定的战略计划。高级管理层包括首席执行官（Chief Executive Officer，简称“CEO”）、首席财务官（Chief Financial Officer，简称“CFO”）、首席运营官（Chief

Operating Officer，简称“COO”）等关键岗位。高级管理层在董事会的监督下运作，但也承担着直接管理和运营公司的责任。(图 4-1)

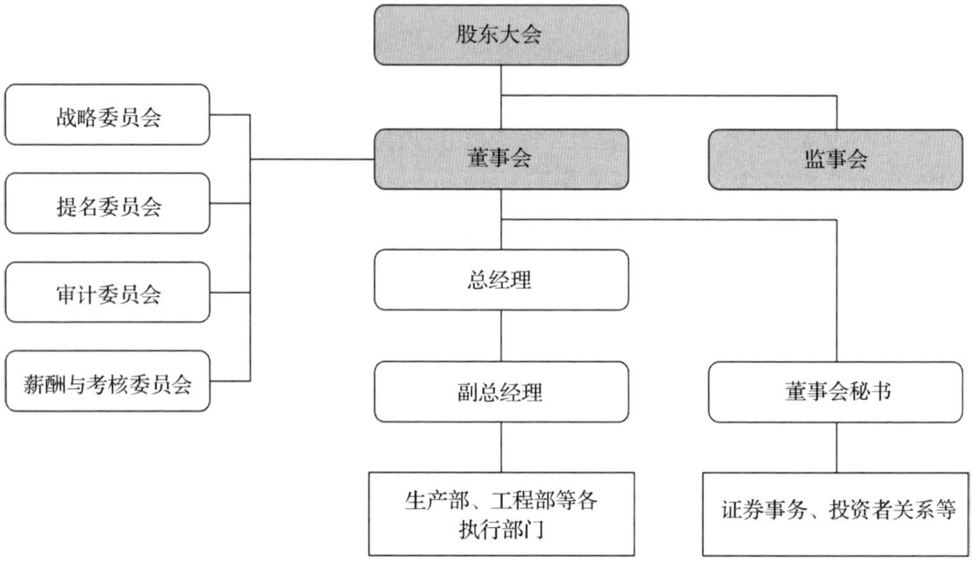

图 4-1　常见的公司治理基本框架

（一）《公司法》对董监高的要求

2023 年 12 月 29 日，《中华人民共和国公司法》（以下简称“《公司法》”）被修订。《公司法》要求董事会必须具备足够的独立性，尤其是在决策过程中，必须考虑到中小股东的利益。非执行董事的比例增加，有助于保证决策的公正性，减少管理层或大股东对公司决策的控制力。

监事会在《公司法》中也有了更为明确的职责和权限。《公司法》强调，监事会不能只是形式上的存在，而应当发挥出其监督作用。监事会有权在发现董事会或管理层违反《公司法》、公司章程及损害利益相关方利益时及时采取措施，进行纠正或追责。同时《公司法》还对监事会的独立性和审核权作出了明确规定，要求监事会成员不能担任董事会成员，以确保监督功能的独立性；监事会的审核权，即监事会有权对董事会的财务报告进行审查，并可要求审计报告。

此外，按照《公司法》的规定，董事会对高级管理层有更高的要求。尤其是在公司治理结构日益复杂的今天，高级管理层必须具备更强的合规意识和道德责任感。

（二）ESG 框架下对董监高的要求

1. 董事会在 ESG 框架下的角色与责任

董事会作为公司最高决策机构，在 ESG 治理中的作用至关重要。随着 ESG 理念的深入，董事会应积极推动并确保公司在环境、社会责任和治理三大方面的可持续性工作得到落实。

董事会在环境方面的职责不只是确保公司遵守国家和地区的环保法规，还包括主动推动公司采取创新措施，降低企业运营对环境的负面影响。

在社会责任方面，董事会不仅要关注公司的财务业绩，还要关注员工福利、社区责任及供应链中的社会责任。董事会应推动公司建设公平、多元和包容的工作环境，如保障员工的健康和安全等，特别要注重员工的心理健康和工作与生活的平衡。同时，董事会应推动性别平等、促进多元化招聘并提供职业发展机会。

董事会作为公司治理的最高决策者，需要确保公司在治理结构、透明度、独立性、合规性等方面达到国际标准，并形成有效的监督和执行机制。

在 ESG 框架下，董事会的独立性愈加重要。独立董事不仅要具备财务、战略等方面的专业知识，还要关注公司在社会责任、环境保护方面的表现。

2. 监事会在 ESG 框架下的角色与责任

在 ESG 框架下，监事会除了监督公司财务和董事会的运作外，还承担了更为复杂的监督职能，确保公司在履行环境责任、社会责任和治理责任时，遵循透明、公正和合规的原则。

监事会应确保董事会执行公司既定的 ESG 战略。具体来说，监事会需要检查董事会在环境保护、员工福利、供应链管理等方面的决策和执行情况，确保没有出现疏漏或违背 ESG 原则的行为。

监事会应参与审查公司在 ESG 领域的合规性和风险管理工作。例如，监事会应审核公司是否定期对环境影响、社会责任等进行评估，是否及时采取措施应对潜在风险。

监事会应保持与董事会和高级管理层的独立性，特别是在监督公司 ESG 合规性、财务报告等方面时，确保不受任何压力或利益冲突的影响。

监事会还应确保公司在 ESG 方面的透明度，监督公司是否向投资者和公众及时披露其 ESG 绩效。

3. **高级管理层在 ESG 框架下的角色与责任**

高级管理层是董事会战略执行的主体，其在 ESG 框架下的责任主要体现在在日常运营中确保公司的环境、社会和治理工作能够落到实处。

高级管理层应根据董事会的战略方向，制定具体的执行方案和目标，并组织公司各个部门落实。高级管理层还要定期向董事会报告公司在环境保护、社会责任及治理方面的进展情况。

高级管理层不仅要负责公司的运营和管理，还应推动企业文化的建设，培养员工的社会责任感。高级管理层应鼓励员工参与到社会公益活动、环境保护工作中，共同推进公司 ESG 目标的实现。

高级管理层要建立和完善风险管理体系，确保公司在运营过程中充分考虑环境和社会风险，并制定有效的应对策略。同时，管理层要确保公司运营过程符合相关的法律法规，并推动公司遵守 ESG 的最佳实践。

在 ESG 框架下，董监高的职责已经从传统的财务监督和企业运营管理拓展到环境保护、社会责任和公司治理等多个方面。他们不仅是公司的决策者和监督者，更是公司可持续发展的推动者。随着全球范围内对 ESG 的重视不断加强，董监高在履行公司社会责任、推动企业合规和可持续发展的过程中，扮演着越来越重要的角色。

三、ESG 组织架构与职能

在政府与监管机构不断推出有力政策的推动下，越来越多的市场主体，尤其是上市公司，逐渐认识到 ESG 合规不仅关乎企业社会责任，更是未来可持续发展的核心竞争力。然而，如何将 ESG 理念深度嵌入现有的合规体系，并在日常运营中切实落地各项要求，仍然是众多企业亟待破解的难题。主要问题集中在组织架构和专业人才配置两个方面。

不少企业内部尚未设立专门负责 ESG 事务的部门，致使在实施 ESG 战略时出现权责不明确和跨部门沟通不足的情况。这种局面不仅阻碍了 ESG 目标的明确设定与方案的制定，更使得后续落实工作缺乏系统性和高效性，从而难以建立一个稳定且顺畅的治理流程。

ESG涵盖的领域极其广泛，其工作不仅要求对公司内部各部门数据的精准收集和整合，还需要对专业指标进行科学判断，更要求对企业业务及市场动态有全方位的了解。因此，缺乏具有扎实专业背景的人才将直接影响ESG战略的有效实施。只有组建一支既懂数据分析又熟悉业务全局的专业团队，才能为ESG治理提供坚实的人力支撑。

企业在构建ESG治理体系时，应视其为提升整体竞争力和实现可持续发展的重要契机。企业优化内部架构和引进高素质专业人才，不仅能更好地满足法规要求，还能在绿色转型和社会责任实践中抢占先机，树立企业良好的社会形象和品牌信誉。本书以ESG组织架构设计为切入点，逐项解析构建ESG合规框架的关键要素，并结合实践经验提出前瞻性的建议。值得注意的是，除了组织结构、人才的优化外，企业文化的塑造及全员参与同样不可忽视，这将为ESG战略的有效实施提供坚实保障。

（一） 典型ESG组织架构设计

1. 股东大会，下设董事会

股东大会作为企业权力的核心源泉，汇聚了企业的主要利益相关者，其最高决策权主要通过董事会来行使。通常，董事会被视为企业ESG事务的最终责任机构，统筹规划所有重大ESG管理工作。

职责概述：董事会主要负责拟定ESG战略规划、确定ESG发展目标、构建ESG基本制度、设计ESG相关组织架构，并对ESG报告及其他相关信息披露文件进行审批。

在ESG理念不断演进的今天，董事会不仅要关注短期经济效益，更要把目光放长远，从战略的高度推动企业在环境保护、社会责任与治理水平上的持续提升。

2. 董事会专门委员会

在董事会的统一领导下，企业可设立专门的ESG委员会或在现有战略发展委员会中增设ESG工作组，形成一个专注于ESG理论研究和实践指导的机构。

职责概述：此机构负责开展ESG战略研究、识别风险与机遇、跟踪政策动态、指导 ESG 执行、审核目标达成情况，以及起草应急预案。

该机构一般由 3 名或 5 名董事组成，并通常包含一定比例的独立董事，以确保决策的客观性和专业性。

将 ESG 事务纳入董事会专门委员会的讨论，可以增强 ESG 战略与企业整体战略的契合度，同时提升风险管理能力和社会责任感。

3. ESG 工作组

ESG 管理的具体落实需要有专门的执行团队，执行团队既可以是独立的 ESG 工作组，也可以是企业内部现有部门和下属单位。

职责概述：ESG 工作组的职责主要包括信息收集与整合、起草并实施各类 ESG 政策和方案、编制 ESG 报告、落实日常监控，以及协调企业内部跨部门工作等。

ESG 工作组负责将董事会及其下属委员会制定的战略具体化、操作化，确保各部门和子公司在 ESG 任务上分工明确、目标清晰。

执行层是 ESG 战略成功落地的关键，企业应注重提高团队的专业素养与跨部门协作能力，同时借助现代信息技术提升数据整合和决策支持能力。

4. 董事会办公室

考虑到 ESG 工作的长期性和多样性，企业还需设立专门的协调机构，以保障信息流畅和资源整合。

职责概述：董事会办公室主要负责收集并反馈各利益相关方的诉求，统筹内部 ESG 数据管理、指标维护及跨部门信息传递，同时协调各层级之间的工作对接。

董事会办公室负责人可由董事会秘书或其他高层领导担任，企业也可以将 ESG 协调职责纳入董事会办公室职责。

在 ESG 治理体系中，董事会办公室的协调作用不仅有助于解决信息孤岛问题，还能为企业建立起灵活高效的内外沟通机制，进一步提升 ESG 整体运营效率。

（二） 其他 ESG 组织架构设计

企业应当立足自身实际情况，遵循“因司制宜”的原则，构建一套契合企业发展规律的 ESG 治理体系。同时，企业在制定 ESG 战略时应充分考虑自身业务模式和行业特点，打造出既符合规范又具竞争优势的 ESG 组织架构。本书列举以下几种特例供参考。

1. 将 ESG 管理职责嵌入现有部门

对于那些不愿调整现有组织架构但希望加强 ESG 管理的企业来说，可以选择在现有部门（如合规部门）中拓展 ESG 相关职责。在此模式下，原有部门的职能范围将得到拓宽。部门负责人除了承担原有工作职责外，还需承担 ESG 管理任务，以确保各项工作与 ESG 目标紧密结合。同时，指定专人负责 ESG 事务，如数据收集、报告编制及内外沟通协调等，保证 ESG 要求在日常运营中得到切实体现。这种做法适合结构相对稳定、变革成本较高的企业，通过内部资源再利用，既降低了组织调整风险，又能逐步培育 ESG 管理能力。

2. 设立独立的 ESG 部门

对于追求专业化管理的企业，成立独立的 ESG 部门是一个理想选择。该部门通常由具备专业知识、项目管理能力及出色沟通技巧的人员构成，涵盖部门经理、项目经理和专员等不同层级。ESG 部门经理需全面负责部门运营，制定和推动企业的 ESG 战略、政策与行动计划，并对各项 ESG 项目的执行效果进行监控和评估。独立部门的设立有助于集中资源和专业力量，推动 ESG 工作制度化和精细化管理，从而更好地应对外部监管和市场变化。

3. 建立特定程序或机制

对于规模较小或资源相对有限的企业，可以考虑通过设立专门的程序或机制，将 ESG 因素有机融入企业决策及各项活动。这类模式往往以跨部门协作为核心，设立由各部门代表组成的 ESG 工作小组，共同推动和协调 ESG 相关工作。专门的 ESG 协调员负责促进信息共享、资源整合与内部沟通，确保 ESG 理念在企业各层面得到贯彻。尽管这种模式能够有效降低运营成本，但企业仍需持续关注 ESG 工作的进展和效果，定期进行评估和调整，以确保 ESG 战略的长期有效实施。即使在资源有限的情况下，也要保持对 ESG 议题的高度敏感性，利用灵活的机制及时响应内外部变化。

总而言之，构建一个完善的 ESG 治理体系，既需要从最高决策层到具体执行层的全方位部署，也离不开高效的日常协调机制。企业在推动 ESG

战略时，应充分认识到这一体系不仅是应对新规的必要举措，更是提升企业竞争力、履行社会责任和实现可持续发展的关键路径。只有不断优化组织架构和提升专业团队能力，企业才能在激烈的市场竞争中立于不败之地，为社会和环境做出更大的贡献。

四、高管薪酬与激励机制

在企业运营体系中，高层管理人员（以下简称“高管”）作为极为特殊且关键的群体，其激励体系的构建长期以来一直是一个极具挑战性的难题。若薪酬水平过高，会导致高管趋向于保守决策，逐渐丧失奋斗的激情与活力，难以积极推动企业突破与发展；若薪酬水平过低，高管则可能凭借其内部人信息优势谋取个人私利，使得企业难以实现目标与利益的高度统一。

（一） 薪酬与激励现状

相当多企业的薪酬激励机制长期面临“形式大于内容”的困境，暴露出以下核心矛盾。

1. 短期与长期的割裂

70%的上市公司高管薪酬以基本工资与奖金为主，股权激励占比不足15%。例如，某地产公司CEO的年薪为2 000万元，但公司股价三年下跌60%，由此引发了投资者质疑。

2. 个人与团队的割裂

传统激励过度聚焦个人业绩，导致高管为完成KPI（Key Performance Indicator，关键绩效指标）压榨团队。某互联网企业因“996文化”导致核心员工流失率高达40%，最终拖累了企业的创新效率。

3. 利益与责任的割裂

部分国企高管年薪与普通员工差距达50倍，但违规成本极低。2024年，某能源集团因高管决策失误亏损30亿元，而责任人仅被降薪10%，舆论因此哗然。

此外，中国部分传统制造业仍在沿用“基本工资+短期奖金”的陈旧模式，导致战略保守与技术停滞。

（二） 薪酬与激励困境

高管薪酬激励的本质，是股东将资产经营权让渡给高管后，对高管经营企业所获利润的二次分配。其中，短期和中期利润通常以工资、奖金形式分配，长期利润则通过股权体现。这种分配机制要求企业与高管之间建立良性互动关系，而非简单的利益博弈。有效的价值分配必须以实际创造的价值为基础，需要双方秉持相互成就的意愿和诚意，在此基础上设计合理的薪酬激励体系。

然而，在实际操作中，企业在构建高管薪酬激励体系时面临诸多困境，具体体现在以下方面。

1. 高管责任重大，决策影响与薪酬不匹配

高管在企业中位置特殊，责任重大。委托代理理论关注的就是高管掌握经营权后的管理问题。因为高管是行业专家，深度参与日常管理，相比股东、董事有信息优势，有可能存在和股东、董事利益不一致的情况。高管做出一个重要决策，带来的收益或损失可能远超其薪酬。比如，企业做经营预算时，可能出现预算超支、财务资源偏离经营目标的情况，这时需要高管做决策来解决问题，而这些决策影响巨大。那么，该怎样设计薪酬才能让高管有责任心，考虑公司整体利益呢？这让很多企业感到困扰。

2. 外部薪酬对标难，定薪缺乏依据

不同类型企业的高管薪酬水平差异较大。外资公司高管的薪酬水平通常较高，而央企、国企和民企则参差不齐。不同行业之间也存在显著差距，如金融、互联网等行业的高管薪酬较高，人均效率和产出也更高，相比传统行业可能高出数倍。在企业内部，高管与普通员工的薪酬通常保持一定比例，一般在 5 到 10 倍之间。但高薪行业的薪酬倍数往往较低，而传统制造业的倍数反而较高。在高管团队内部，董事长和总经理的薪酬通常相近，而总经理与副总经理的薪酬差距则因行业不同而有所差异。这些差异使得企业为高管定薪面临较大挑战，尤其是在跨行业吸引人才或让原高管开拓新业务时，矛盾更为突出。例如，当传统行业集团的高管调任负责新业务时，由于新业务领域的薪酬水平较高，企业可能认为高管的能力未变且尚

未做出业绩，不应加薪；而高管则认为新业务挑战更大、付出更多，甚至企业外部能力不如自己的人薪酬更高，因而容易与企业产生矛盾。

3. 高管工作成果显现慢，薪酬设计困难

高管属于知识型工作者，其工作依赖于组织和团队协作来实现战略目标。他们的核心职责是从零开始搭建企业战略与组织体系，工作投入具有长期性，成果往往需要较长时间才能显现。这种特性给薪酬设计带来了挑战：在成果尚未显现时，如何确定合理的薪酬？许多集团企业在发展新业务时，会外聘来自大平台的职业经理人。这些高管通常要求高薪和股权激励，但企业往往担心：若投入大量资源后高管离职，不仅会使企业错失发展机遇，还可能造成资源浪费。这也是许多企业家不愿轻易向高管授权的原因之一。

4. 薪酬管理程序和规则不完善，专业性不足

很多企业高层组织、治理机制和管控体系管理薄弱，股东层、董事层和高管层人员重合，导致高管薪酬管理组织、程序和规则混乱。民营企业这种情况比较典型，有的企业高管薪酬制度由人力资源部起草，且在审批过程中，高管能影响制度的制定，这是因为董事会和薪酬绩效委员会没发挥好作用。另外，薪酬管理组织专业性不够，常照搬其他公司的方案。比如，引入职务评估程序，却因规则缺失导致高管对其不信任；奖金分配机制不完善，高管和出资人反复博弈，消耗精力，弱化组织凝聚力。

（三） 薪酬与激励破局之法

要破解上述治理困局，需要回归人力资本的价值本质。某集团的“虚拟受限股”机制提供了创新范本：通过将 98. 6% 的股权授予员工，构建起“战略投入—价值创造—利润共享”的闭环体系。CEO 仅持股 0. 88% ，却驱动 19. 5 万员工形成事业共同体，2023 年该企业研发投入占比逆势提升至 26. 2% 。这种将人力资本证券化的实践，打破了传统委托代理理论的局限——当高管团队不再是“职业经理人”而是“事业合伙人”时，其决策时域自然从季度财报延伸到 10 年技术周期。

除了股权机制创新，建立科学的评估模型也是关键。要构建新型高管激励体系，需要建立三维评估模型，这三维即战略适配度（30% ）、价值贡献度（50%）、风险绑定度（20%）。某集团的实践验证了该框架的有效性，该集团通过“技术对赌协议”，要求 CTO 团队实现每代动力电池能量密度提升 15% 的目标，达标后可获得超额利润 20% 的分成。

高管薪酬的本质是对人力资本的价值投资，既要避免“高薪却换不来忠诚”的困境，也要防范“过度控制成本导致人才流失”的风险。只有当薪酬体系从简单的“价值分配工具”升级为“价值创造引擎”，企业才能真正实现“财散人聚，人聚财兴”的良性循环。

（四）总结

高管薪酬的本质不是成本支出，而是价值投资。它不应被简单视作劳动报酬，而应类比风险投资机构对创业者的价值押注，其核心在于构建人才与企业深度绑定的利益共同体。传统薪酬模式犹如成本中心：薪酬过高易致高管懈怠，过低则使其缺乏工作积极性。真正有效的激励机制，需要将薪酬转化为“投资协议”，使高管从“职业经理人”转变为“创业合伙人”。在这种模式下，固定工资仅保障基本生活，核心收益必须与企业长期价值紧密绑定。这类似于股票投资：既享受股息分红（基础薪酬），更期待股价升值（股权激励）。因此，薪酬投资化的本质是将人力资源转化为类似“技术专利”的战略资产，实现人力资本的持续增值。

五、反腐败与合规管理

随着经济的快速发展和市场竞争的加剧，企业面临着日益复杂的市场环境和严格的法律法规监管。企业腐败问题时有发生，不仅损害企业的经济利益，还严重破坏企业的声誉和社会形象，给企业和社会带来了严重的负面影响，对企业的可持续发展构成了巨大威胁。因此，加强企业反腐败与合规管理已成为企业实现可持续发展的必然选择。

有效的反腐败与合规管理能够帮助企业建立健全的内部控制体系，规范企业的经营行为。同时，合规管理也是企业履行社会责任的重要体现。在国际市场竞争中，遵守国际规则和当地法律法规是企业开展跨国经营的基本前提，加强反腐败与合规管理能够帮助企业避免因违规行为而面临的法律风险和经济损失，保障企业在国际市场上的稳健发展。

（一） 企业反腐败与合规管理的组织结构

1. 股东会/股东大会

作为公司最高权力机构，股东会/股东大会从宏观层面把握公司合规管理方向，对涉及合规管理的重大战略决策进行审议和批准，如批准合规管理基本制度等。

2. 董事会

董事会：制定公司合规管理战略和政策，审批合规管理基本制度、体系建设方案和年度报告等重大合规事项，推动合规管理体系的完善，并对其有效性进行评价。

合规委员会：由董事会设立，负责研究、审议合规管理的重大事项，为董事会提供合规管理方面的决策建议和专业支持，监督合规管理工作的执行情况。

3. 经理层

总经理：全面负责公司的合规管理工作，确保合规管理目标与公司整体经营目标相一致，协调各部门之间的合规管理工作，对合规管理工作的有效性负责。

副总经理：协助总经理开展合规管理工作，在分管业务领域内落实合规管理要求，监督分管部门的合规工作执行情况。

首席合规官（由总法律顾问兼任）：领导合规管理部门开展工作，制定合规管理计划和策略，组织实施合规风险识别、评估和应对工作，对公司重大决策和业务活动进行合规审查，向董事会和总经理报告合规管理工作情况 。

4. 合规管理部门

合规管理部：是合规管理工作的具体执行部门，负责制定和完善合规管理制度和流程，组织开展合规培训和宣传活动，对公司业务活动进行日常合规监督和检查，处理合规投诉和举报，开展合规风险评估和预警等工作。

各专业合规小组：依据不同业务领域的特点和合规要求，开展针对性的合规管理工作。例如，财务合规小组负责财务领域的合规管理，确保财务活动符合会计准则和相关法规；业务合规小组针对业务开展过程中的合规问题进行监督和指导；法务合规小组提供法律咨询和支持，处理法律纠纷；数据合规小组负责数据保护和隐私合规等工作。

5. 业务及职能部门

各业务及职能部门是合规管理的第一道防线，在日常工作中负责落实合规管理要求，对本部门业务活动的合规性进行自我监督和检查，及时发现和纠正潜在的合规风险，向合规管理部门报告合规问题。

6. 监督部门

监事会：对公司合规管理工作进行全面监督，检查公司合规管理制度的执行情况，监督董事会和经理层履行合规管理职责的情况，对违规行为提出监督意见和建议。

审计部：通过内部审计工作，对公司合规管理体系的有效性和合规管理工作的执行情况进行审计与评价，发现问题并提出改进建议，促进公司合规管理水平的提升。

纪检监察部门：负责对公司员工的行为进行纪律监督，查处违规违纪行为，维护公司的纪律和秩序，营造良好的合规文化氛围。

（二） 企业可能面临的腐败问题和合规风险

1. 腐败问题

企业腐败是指企业组织及其成员在经营管理过程中，为谋取不正当利益而实施的违反法律法规、商业道德和企业规章制度的行为。这类行为主要表现为商业贿赂、资金侵占、利益输送、内幕交易、关联交易舞弊以及财务信息造假等违法违纪现象。

企业腐败犹如附骨之疽，不仅会造成巨额经济损失，更会严重侵蚀企业多年苦心经营的市场信誉。在实际经营中，采购环节收受回扣的现象屡禁不止，某电子厂采购经理收取供应商百万贿赂后采购劣质原材料，导致生产线次品率骤升，企业蒙受重大损失；财务人员通过虚构差旅费、办公费等名目侵占公款的案例也时有发生，曾有财务人员数年累计侵吞公司资金数十万元，严重影响了企业的正常运营；更有高管利用职权将优质项目低价转移至亲属控制企业，这种利益输送行为直接造成公司利润大幅缩水；

而在招投标过程中的暗箱操作问题同样突出，承包商串通围标、偷工减料的行为往往导致工程质量隐患，使企业陷入法律纠纷。

究其根源，企业腐败的滋生往往暴露出内部管理体系的重大缺陷：决策权力缺乏有效制衡，内部监督机制流于形式，不合理的业绩考核诱发道德风险，加之市场竞争环境失序，使得部分人员为获取不当利益铤而走险。这些问题的存在严重威胁着企业的健康持续发展。

2. 合规风险

企业合规是指企业在经营管理过程中，通过建立系统化的管理机制，确保其经营活动符合国家法律法规、行业准则、商业伦理以及国际通行商业惯例的一系列管理行为。这一管理体系的核心价值在于有效防控法律风险、完善公司治理、维护企业商誉并提升企业的可持续发展能力。

当前企业面临的合规风险形势严峻且复杂多变。财务合规方面，上市公司财务造假、税务违规等行为可能导致严重后果，某企业就因虚增利润被监管部门停牌处罚；数据安全领域，客户信息保护不力将造成重大损失，国外某征信机构上亿用户数据泄露事件不仅带来巨额赔偿，更导致企业声誉严重受损；环境合规同样不容忽视，某化工厂因违规排放被责令停产整顿的案例为整个行业敲响警钟。此外，劳动纠纷、知识产权侵权等法律风险也时刻威胁着企业的正常经营。

随着监管环境日趋严格，法规更新频率加快，检查力度持续增强，企业合规管理面临更大挑战。违规后果不仅包括直接的经济处罚和运营限制，更会导致品牌价值贬损、客户流失以及合作伙伴关系破裂等长远影响。这些非财务损失往往比罚款更具破坏性，可能使企业多年积累的市场声誉毁于一旦。因此，构建完善的合规管理体系应当成为企业战略发展的重中之重。

（三） 企业反腐败与合规管理的重要性

企业的反腐败与合规管理至关重要，关乎企业的声誉、资产安全、市场环境和法律风险等多个关键方面。

声誉和信誉是企业立足市场的根本。企业一旦因腐败问题受损，将对其经营和发展造成巨大打击。如某企业因内部腐败，违规生产劣质疫苗，致使公众信任崩塌，产品滞销、股价暴跌，企业走向衰落。这警示企业必须建立合规管理体系以维护形象。

企业资产是生存发展的物质基础，而腐败会直接导致资产流失。如某国有能源企业高管围标串标、收受贿赂，供应商偷工减料致工程质量不合格，企业损失数亿元。此外，虚报费用、收受贿赂等行为也会侵害企业资产。因此，只有加强反腐败和合规管理，才能保障资产安全。

公平竞争是市场健康发展的保障，而企业腐败行为破坏了这一环境。如建筑工程领域行贿中标、企业勾结操纵价格等行为，排挤了优质企业，损害了消费者权益，影响了行业发展。只有大力推进反腐败工作，才能营造公平公正的市场竞争环境，激发企业创新活力。

在全球加大反腐败力度的背景下，企业面临严格的法律法规约束，违反法律法规会面临巨额罚款、刑事处罚等严重后果。例如，某国际知名企业因商业贿赂被重罚，高管被追究刑事责任。国内也加大了打击腐败的力度，如某民营企业高管因职务侵占被判刑。企业加强合规管理，遵守法律法规，既能规避法律风险，减少损失，也是履行社会责任、树立良好形象的体现，有助于企业赢得公众的信任和支持。

（四） 总结

ESG 时代下，企业合规竞争力已成为商业竞争的新赛道。如某新能源车企因 ESG 合规优势获得欧盟百亿元的订单，某银行因数据合规认证吸纳到了高净值客户，等等。这些实践表明，合规已从“底线要求”变为“高线竞争力”。企业如果仍把反腐败视为应付检查的“过场戏”，终将在监管趋严与客户需求升级的双重压力下被市场淘汰。

六、反垄断与市场竞争

（一） 概述

反垄断是指国家或国际组织反对企业实施的排除、限制竞争的行为，以及可能产生排除、限制竞争效果的行为，目的是保护市场公平竞争，提高经济运行效率，维护消费者利益和社会公共利益。市场竞争是指在市场经济条件下，各经济主体为了争夺经济利益而进行的较量和博弈。它是市场经济的基本特征，通过价格、质量、技术、服务等多种手段来实现。

为了维护市场的公平竞争，不少国家制定了相应的反垄断法律。《中华人民共和国反垄断法》（以下简称“《反垄断法》”）于 2008 年 8 月 1 日起施行，旨在预防和制止垄断行为，保护市场公平竞争，提高经济运行效率，维护消费者利益和社会公共利益，促进社会主义市场经济健康发展。美国有一系列反垄断法律，其中《谢尔曼法》是世界上最早的反垄断法，主要禁止垄断和限制贸易的合谋等行为；《克莱顿法》进一步对价格歧视、独家交易等可能减少竞争的行为进行了规制；《联邦贸易委员会法》则建立联邦贸易委员会来执行反垄断和消费者保护法律。

（二） 分类区别

根据我国《反垄断法》的规定，垄断行为分为经济性垄断行为和行政性垄断行为。经济性垄断行为有三种，即经营者达成垄断协议，经营者滥用市场支配地位，具有或者可能具有排除、限制竞争效果的经营者集中。滥用行政权力排除、限制竞争行为在我国被约定俗成地称为“行政性垄断”或者“行政性限制竞争行为”。

市场竞争类型有完全竞争、垄断竞争、寡头垄断和完全垄断。完全竞争市场有大量的买者和卖者，产品是同质的，资源可自由流动，且市场信息完全对称。垄断竞争市场中有许多厂商生产和销售有差别的同种产品，每个厂商对自己的产品都有一定的垄断力量，但由于产品存在替代品，竞争也较为激烈。寡头垄断市场由少数几家厂商控制，它们之间存在着相互依存的关系，决策时需要考虑竞争对手的反应。完全垄断市场只有一个厂商，该厂商控制了整个市场的供给，没有直接的竞争对手。

垄断与不正当竞争如何区分？通俗地讲，垄断是行为人减少或者弱化市场竞争，造成竞争不足；而不正当竞争则是行为人以违法或者违反商业道德的不正当手段与他人进行恶性竞争。两者分别由《反垄断法》与《中华人民共和国反不正当竞争法》（以下简称“《反不正当竞争法》”）调整。

（三） 反垄断与市场竞争的协同发展

市场机制的本质就是市场竞争机制，没有竞争，消费者就没有选择产品或服务的机会，市场也就无从谈起。市场竞争能够带来两种重要效率，即资源配置效率和生产效率，进而提高消费者的社会福利。在资源配置方面，市场经济下的资源配置由市场主体依据价格等市场因素决定，价格机制发挥作用需要企业自由定价和市场开放，竞争促使资源合理流动。在生产效率方面，竞争激励企业降低成本、开发新技术、改善经营管理，以获取竞争优势和额外利润。同时，市场竞争以个人主义的方式创造社会福利，使消费者受益，让消费者成为“上帝”。我国《反垄断法》虽提出“保护市场公平竞争”，但从《反垄断法》的本质和功能来看，这一表述不够全面。《反垄断法》与《反不正当竞争法》在价值理念方面存在差异，《反垄断法》更侧重于保护自由竞争，市场竞争能够限制经济势力以及由此衍生的社会和政治势力，对维护经济自由和民主意义重大。我国《反垄断法》虽未明确提及保护自由竞争，但在实际执法过程中已考虑到限制竞争对自由竞争的损害。

为了实现反垄断与市场竞争的协同发展，必须建立健全协同发展的制度、机制和平台。在制度建设方面，政府和监管机构应制定完善的法律法规和政策体系，明确反垄断和促进市场竞争的目标、任务和措施。加强对企业的监管，加大对垄断行为和不正当竞争行为的打击力度，维护市场秩序。建立企业信用评价体系，将企业的反垄断表现和市场竞争行为纳入信用评价范围，对信用良好的企业给予奖励和支持，对信用不良的企业进行惩戒和限制。

在机制方面，建立反垄断与市场竞争的协同监管机制。加强各监管部门之间的协作与配合，形成监管合力。如纪检监察机关、市场监管部门、税务部门等应加强信息共享和沟通协调，共同打击企业的垄断行为和不正当竞争行为。建立举报奖励机制，鼓励公众和企业员工对垄断行为和不正当竞争行为进行举报，对举报属实的给予奖励，提高社会监督的积极性。

搭建协同发展平台也是促进反垄断与市场竞争协同发展的重要举措。政府和行业协会可以搭建企业交流平台，组织企业开展反垄断与市场竞争方面的经验交流和培训活动，提高企业的认识和能力。建立行业自律组织，制定行业自律规范，引导企业自觉遵守法律法规和道德规范，共同维护市场竞争的公平性和公正性。通过搭建这些平台，促进企业之间的相互学习和合作，推动反垄断与市场竞争的协同发展。

（四）总结

反垄断行为是市场经济的重要规制手段，旨在防止企业通过不正当竞争方式操纵市场。本质上，市场应当是企业公平竞争的开放平台，但部分大型企业可能通过封锁竞争渠道、实施价格同盟，或以掠夺性定价挤压中小竞争者后垄断定价等方式获取不正当优势。在此情况下，监管机构需要履行市场裁判者职责，依法惩处违规行为，必要时可采取业务拆分等措施防止市场垄断。需要强调的是，反垄断的根本目标并非限制企业规模，而是维护市场竞争秩序。

当前的主要挑战集中于互联网等新兴领域——头部平台可能滥用数据优势实施“赢者通吃”策略，典型表现包括算法价格歧视或封闭生态排斥竞争。面对此类情形，传统处罚手段可能收效有限，亟需建立新型监管框架，如确立用户数据可携带权，通过打破数据壁垒来遏制垄断行为。从本质上看，反垄断政策犹如市场经济的“免疫机制”，促使企业依靠产品创新和服务质量展开良性竞争，从而保障经济体系的健康运转。

七、内部控制与审计

企业治理离不开内部控制与审计的有力支撑。准确的财务信息是企业决策的重要依据，内部控制能够通过规范财务流程、加强财务监督保证财务数据的真实性、准确性和完整性。审计则以独立、客观的视角对企业财务状况进行审查和评价，及时发现财务风险和潜在问题，为企业财务管理提供可靠的保障。通过内部控制与审计，企业能够有效防范财务舞弊行为，增强投资者和债权人对企业的信心，降低融资成本，为企业的可持续发展提供稳定的资金支持。从ESG视角来看，企业不仅要关注自身的经济效益，还要在环境保护、社会责任履行和公司治理等方面有所作为。有效的内部控制能够帮助企业建立起完善的环境管理体系，确保在生产运营过程中减少对环境的负面影响，实现节能减排和资源的合理利用。

（一）定义

内部控制是企业为实现经营目标，保障资产安全和财务报告的准确性，以及遵循法律法规，由治理层、管理层和其他人员设计与执行的一系列政策和程序。其目标涵盖运营的效率与效果、财务报告的可靠性及合规性。这些目标相互关联，共同支撑企业的可持续发展。其中，运营目标致力于确保企业资源得到有效利用，业务流程顺畅运行，从而提升企业的竞争力和盈利能力；财务报告目标保证企业向内部和外部利益相关者提供准确、可靠的财务信息，增强市场信心；合规目标促使企业遵守国家法律法规和行业规范，避免法律风险和声誉损失。简单来说，内部控制就像是企业给自己配了一把锁或是定了一套规矩，目的是确保工作不乱套。

审计作为一种独立的经济监督活动，在企业运营中发挥着不可或缺的作用。审计是对企业的内部控制、风险管理和治理流程进行独立评估的活动。它不直接参与企业的日常运营，而是站在客观第三方的角度，对内部控制的有效性进行审查。简单来说，审计就像是体检医生，其作用是检验一下企业给自己配的“锁”牢不牢靠，定的规矩能不能很好地管理企业内部。

（二） 内部审计与外部审计

内部审计是由企业内部的审计机构或人员实施的审计活动，其特点在于对企业内部情况的深入了解。内部审计人员熟悉企业的业务流程、组织结构和内部控制体系，能够及时发现企业运营中的问题。其工作范围广泛，涵盖了企业的财务收支、经营管理、内部控制等多个方面。内部审计的职能主要包括监督、评价和咨询。监督职能旨在确保企业各项活动符合法律法规、规章制度及企业的战略目标；评价职能通过对企业的内部控制、风险管理和经营绩效进行评估，为企业管理层提供决策依据；咨询职能则为企业提供改进建议和解决方案，帮助企业提升管理水平和运营效率。

外部审计主要由独立的会计师事务所等外部机构承担，其中最常见的是财务报表审计。外部审计师依据独立审计准则，对企业的财务报表进行审查，以确定其是否真实、公允地反映了企业的财务状况和经营成果。外部审计具有较强的独立性和专业性，其审计结果具有较高的可信度，能够为企业的股东、债权人等外部利益相关者提供重要的决策参考。外部审计的流程通常包括接受委托、制定审计计划、实施审计程序、获取审计证据、编制审计报告等环节。在审计过程中，外部审计师会运用各种审计方法和

技术，如抽样审计、分析性复核等，对企业的财务数据和内部控制进行全面审查。(表 4-1)

表 4-1　内部控制和内部审计对比表

对比维度	内部控制	内部审计
定义	由管理层设计的风险控制机制	独立评估内部控制的有效性
责任方	各部门、管理层	内部审计部
目的	确保运营合规、降低风险	监督和评估内部控制的执行情况
作用方式	预防和减少风险	识别问题并提出改进建议
报告对象	管理层	董事会/审计委员会
工作方式	天天都在运行（比如审批流程）	定期检查（比如季度审计、专项突击检查）

（三） 公司治理

在企业运营中，内部控制与审计虽紧密相关，但在实际工作中，二者在职责划分、信息沟通和目标一致性等方面存在协同障碍，会对企业运营管理产生以下不利影响。

1. 职责划分模糊导致效率低下

部分企业存在内部控制与审计职责界定不清的问题。理论上，内部控制部门负责建立和执行内部控制制度，而审计部门负责对内部控制的有效性进行监督和评价。然而，一些企业在实际操作中，这两个部门的工作存在重叠和交叉。例如，在对某项业务流程的控制上，内部控制部门认为审计部门应负责监督，而审计部门则认为内部控制部门应首先确保制度的有效执行。这种职责不清的情况使得问题难以得到及时解决，不仅降低了工作效率，还易引发责任推诿。

2. 信息沟通不畅削弱协同效果

内部控制部门和审计部门在工作中需要相互交流和共享信息，但由于缺乏有效的沟通机制，信息传递不及时、不准确的情况较为普遍。内部控制部门在发现内部控制缺陷后，未能及时将相关信息传达给审计部门，导致审计部门在审计时无法及时关注到这些问题，影响了审计的效果。反之，审计部门在审计过程中发现的问题也可能未能及时反馈给内部控制部门，使得内部控制部门无法及时采取改进措施，从而降低了内部控制的有效性。

3. 目标差异引发资源分配矛盾

内部控制与审计的目标在理论上是一致的，都是为了保障企业的健康发展，但在实际操作中，可能存在目标不一致的情况。内部控制部门更注重日常业务流程的规范和风险控制，而审计部门则更侧重于对财务报表的审计和合规性检查。这种目标的差异可能导致两个部门在工作重点和资源分配上产生分歧。在资源有限的情况下，内部控制部门可能将更多的资源投入到业务流程的优化上，而审计部门则希望将资源集中在财务审计上，这就使得双方在资源分配上难以达成共识，进而影响协同效果。

上述协同障碍对企业运营管理产生了多方面的影响。职责不清和信息沟通不畅会导致内部控制失效，风险得不到及时有效的控制，增加了企业的经营风险。目标不一致会使得企业内部资源配置不合理，进而影响企业的运营效率和效益。内部控制与审计协同障碍还会削弱企业的治理能力，降低投资者和其他利益相关者对企业的信心，不利于企业的长期发展。

（四）总结

内部审计应当突破传统职能边界，在识别内部控制薄弱环节的基础上，积极探寻风险背后的绿色发展机遇。具体而言：首先，依托数据分析和合规评估体系，量化测算 ESG 合规带来的运营成本节约与品牌价值提升；其次，通过系统性风险扫描，识别节能减排、绿色金融和循环经济等可持续发展领域的战略机遇。展望未来，应建立内部控制与审计的协同机制，化被动为主动，将 ESG 合规要求从“成本负担”转化为“发展动能”，使之成为驱动企业高质量发展的新增长极。

第五章 ESG 面临的挑战与未来发展

一、ESG 政策与法规

2024 年是 ESG 理念在全球提出 20 周年，ESG 和可持续已经作为基本的发展理念，融入许多国家的发展战略，许多国家建立了多层次的治理和政策体系。近年来，在新时代新发展理念、高质量发展战略引领及“双碳”目标推动下，ISO 在第二十九届联合国气候变化大会上发布了 ISO ESG IWA 48：2024《实施环境、社会和治理（ESG）原则框架》。此外，ESG 与中国经济社会发展也在加速融合，中国也在积极探索和实践 ESG 发展路径，以推动经济、社会、环境的协调发展。

（一） 中国 ESG 政策

2024 年 2 月初，在中国证监会的指导下，上海、深圳和北京三大证券交易所发布《指引》的意见征求稿，并于 4 月正式发布。《指引》对上市公司 ESG 报告的披露框架、关键议题提出了具体的要求，上市公司应从环境、社会和可持续发展相关治理三个维度、21 项议题进行分析、评估、披露。

2024 年 11 月 6 日，在中国证监会指导下，上海、深圳和北京三大证券交易所同步发布《指南》，并向市场公开征求意见。《指南》以《指引》为基本框架，在此基础上进一步提示工作流程及报告披露要点，为上市公司编制可持续发展报告提供参考。

2024 年 11 月 20 日，财政部会同外交部等相关部门制定了《企业可持续披露准则——基本准则（试行）》。该准则一方面在制定目的、适用范围、披露目标、重要性标准、体例结构以及部分技术要求等方面基于我国实际作出规定；另一方面则积极借鉴国际准则的有益经验。综合考虑我国企业的发展阶段和披露能力，企业可持续披露准则的施行不会采取“一刀切”的强制实施要求，将采取区分重点、试点先行、循序渐进、分步推进的策略，从上市公司向非上市公司扩展，从大型企业向中小企业扩展，从定性要求向定量要求扩展，从自愿披露向强制披露扩展。在实施范围及实施要求作出规定之前，由企业自愿实施。

《企业可持续披露准则——基本准则（试行)》是我国在 ESG 领域的重要政策举措，旨在构建具有中国特色的企业可持续披露准则体系，推动企业可持续发展信息披露的规范化和标准化，为我国经济的高质量发展提供有力支撑。

（二） 欧洲 ESG 政策

2024 年 11 月，国际财务报告准责基金会发布了《可持续相关风险和机遇以及重要信息的披露》的综合指南。该指南旨在帮助企业识别并披露对其现金流、融资渠道或资本成本有影响的可持续风险与机遇相关重要信息，着重分析了 IFRSS1 中源自企业依赖性和影响力的相关内容，该指南的核心为整合思维，考虑企业与各方联系。该指南强调应用 ISSB 准则的企业可受益于财务报表编制中的重要性判断程序，并列出相关程序且与四步程序紧密关联，还指出了加强可持续相关财务披露与财务报表关联的考虑因素，以及同时使用 ISSB 准则与其他标准的注意事项。

欧盟《企业可持续发展尽职调查指令》（*Corporate Sustainability Due Diligence Directive*，简称“CSDDD”）于 2024 年 7 月 5 日正式生效。这一指令是由欧盟理事会、欧洲议会及欧盟委员会等共同推动完成的，是对《企业可持续发展报告指令》的进一步补充和强化。主要不同点在于其要求大型企业承担可持续尽职调查的义务，识别、消除、预防、减轻公司自身、子公司及与公司建立业务关系的其他实体对人权和环境的负面影响，确保其整个价值链没有强迫劳动、雇佣童工、污染环境等违反可持续性原则的行为。

同月，欧洲证券和市场管理局（Enropean Securities and Markets Authority，简称“ESMA”）发布《可持续发展信息执行指南》（*Guidelines on Enforcement of Sustainability Information*，简称“GLESI”）和《欧洲可持续发展

报告准则》（*European Sustainability Reporting Stardards*，简称“ESRS”）两份声明，内容着重聚焦于与即将发布首份《企业可持续发展报告指令》气候披露报告的公司紧密相关的核心领域：一是构建完善的治理安排与内部控制体系，从而确保报告流程的规范性与可靠性；二是精心设计并有效开展重要性评估工作，精准筛选出关键信息；三是针对法规在初始适用年份所给予的过渡性宽限举措，需保持充分的透明化，让各方清晰知晓；四是打造一份具有数字化应用能力的可持续发展声明，以契合现代信息传播与管理需求；五是着力于在财务信息与可持续发展信息之间搭建起稳固的联系桥梁，展现两者的内在关联与相互影响。此外，该指南积极鼓励公司针对价值链信息展开全面的差距评估，以便在依据新规开启信息披露进程时能够持续优化改进。同时，声明还郑重提醒发行人应竭尽全力填补数据空缺，防止因重要信息遗漏而导致报告的不完整性与误导性。

（三） 美国 ESG 政策

美国的 ESG 政策格局较为复杂，呈现出多元声音并存的局面。部分地区和企业积极响应 ESG 理念，采取了一系列措施推动可持续发展。例如，一些州制定了可再生能源发展目标，加大对清洁能源的投资和支持力度，鼓励企业减少碳排放，提高能源利用效率；不少企业也主动披露 ESG 相关信息，制定可持续发展战略，在环境保护、社会责任履行等方面做出了积极努力，通过优化生产流程降低能耗，参与社区建设和公益活动，提升员工福利等举措，展现出对 ESG 理念的实践和担当。

然而，美国也存在反 ESG 的声音。这主要源于部分利益集团的考量，一些传统能源行业担心 ESG 政策会对其业务产生冲击，如限制化石能源的开采和使用，从而影响自身的经济利益。政治因素也在其中起到了一定作用，ESG 议题在一定程度上被政治化，成为民主党和共和党两党政治博弈的工具。在某些地区，反 ESG 势力通过立法等手段试图抵制 ESG 相关政策的实施，这给美国 ESG 政策的推进带来了一定的阻力和不确定性，也使得美国在全球 ESG 发展的进程中呈现出独特而复杂的态势，对全球 ESG 的趋势有着微妙而多样的影响，既存在积极推动的一面，也存在阻碍和干扰的因素。

（四） 结论

我们对比中、美、欧的 ESG 政策与法规，尤其是中、欧的政策法规，从《企业可持续发展报告指令》到《企业可持续披露准则——基本准则（试行）》，不难看出，现在对 ESG 披露的要求已经从大型上市公司扩展到非上市公司、中小型企业，从非财务披露扩展为结合财务披露，从企业内部扩展为上下游价值链，从自愿披露逐步变为强制披露，对“漂绿”行为的监管和打击更加严格。而美国则是由于领导人变更带来的政策变动，使得其 ESG 道路趋于坎坷。

二、ESG 信息披露的全球差异

在全球可持续发展的大背景下，ESG 理念已成为企业发展战略中不可或缺的部分。随着全球气候变化、社会不平等及企业治理问题的日益突出，投资者、监管机构和社会公众对企业的 ESG 绩效关注度不断提高。ESG 信息披露作为企业向外界展示其可持续发展实践和成果的重要途径，不仅有助于企业提升自身的品牌形象和市场竞争力，还能为投资者提供决策依据，促进资本向可持续发展领域流动。

（一） 国际披露体系

GRI 标准是全球使用最为广泛的 ESG 披露框架，由全球报告倡议组织制定。该标准旨在为各类组织提供一个全面、通用的可持续发展报告框架，帮助企业向利益相关者披露其在经济、环境和社会方面的绩效和影响。GRI 标准的指标体系极为全面，涵盖了能源使用、温室气体排放、水资源利用、废弃物管理、劳工实践、人权、社区影响、反腐败等诸多主题。在能源使用方面，要求企业披露能源消耗总量、各类能源的占比及能源效率改进措施等信息，以便利益相关者了解企业的能源依赖程度和节能努力。在劳工实践领域，涵盖了员工薪酬与福利、工作时间、职业健康与安全、员工培训与发展、员工多元化与平等机会等多个指标，全面反映企业对员工权益的保护和关注。GRI 标准的侧重点在于全面性和通用性，适用于各种行业和规模的企业。它强调企业对所有利益相关者的责任，包括股东、员工、客户、社区、环境等，鼓励企业全面披露其可持续发展战略、目标、措施和成效。其主要目标是通过提供统一的报告框架，增强企业可持续发展信息的透明度和可比性，促进全球可持续发展。欧洲许多企业广泛采用 GRI 标准进行 ESG 报告的编制，如某汽车集团就在其 ESG 报告中依据 GRI 标准，详细披露了公司在减少碳排放、改善员工工作环境、参与社区发展等方面的举措和成果，展示了公司在可持续发展方面的努力和成效。

SASB 标准由可持续发展会计准则委员会制定，主要在美国企业中得到广泛应用。该标准专注于制定与财务重要性相关的可持续会计准则，更侧重于关注那些对企业财务绩效有实质性影响的 ESG 议题。SASB 根据不同行业的特点，将企业分为 77 个行业（涵盖 11 个领域），并为每个行业确定了关键的可持续性主题和相关指标 。在科技行业，数据隐私和网络安全可能是重要的 ESG 议题，因为数据泄露可能导致企业面临巨大的经济损失和声誉损害；而在食品行业，供应链中的劳工条件和可持续农业实践可能更为关键，这些因素直接影响到产品的质量和成本，进而影响企业的财务绩效。

SASB 标准与 GRI 标准具有一定的互补性。GRI 标准注重全面性，涵盖了企业可持续发展的各个方面；而 SASB 标准则更关注财务实质性，强调 ESG 议题对企业财务的影响。两者的结合可以为企业提供更全面、更有针对性的 ESG 信息披露框架。例如，某手机生产商在其 ESG 报告中，既采用 GRI 标准来全面展示公司在环境和社会方面的工作，如减少碳排放、促进员工多元化等，又运用 SASB 标准突出了与行业相关且对财务有重要影响的 ESG 因素，如产品生命周期管理、供应链风险管理等，为投资者提供了更丰富、更有价值的 ESG 信息。

（二） 国内披露体系

2024 年 4 月 12 日，在中国证监会指导下，上海、深圳和北京三大证券交易所正式发布《上市公司可持续发展报告指引》，并自 2024 年 5 月 1 日起实施。上证 180、科创 50、深证 100、创业板指数样本公司及境内外同时上市公司为 ESG 强制披露主体。《指引》正式发布稿共 6 章 63 条，明确了可持续发展报告信息披露框架，从环境、社会、治理三个方面设置了 21 个具体议题。

2024 年 11 月 20 日，《企业可持续披露准则——基本准则（试行）》制定并印发。该准则明确了适用范围，适用于在中华人民共和国境内设立的按规定开展可持续信息披露的企业，并采取循序渐进的实施策略，以适应我国企业的发展阶段和披露能力的差异，确保准则的可行性和有效性。

（三）差异性对比分析

在全面性方面，欧美企业的 ESG 报告通常涵盖了广泛的议题。欧洲企业依据欧盟的相关法规和 GRI 标准，在报告中全面披露企业在环境、社会和治理方面的战略、目标、措施和成效。在环境方面，详细披露能源消耗、温室气体排放、水资源利用、废弃物管理等信息；在社会方面，涉及员工权益保护、社区关系、产品责任、人权等多个领域；在治理方面，关注公司治理结构、风险管理、反腐败等重要内容。例如，某汽车集团在其 ESG 报告中，不仅披露了公司在减少碳排放、提高能源效率方面的具体措施和目标，还详细介绍了公司在员工培训与发展、供应链管理、社会公益活动等方面的工作，内容全面且丰富。

美国企业的 ESG 报告则更侧重于与财务实质性相关的议题，依据 SASB 标准，重点披露那些对企业财务绩效有重大影响的 ESG 因素。在科技行业，企业会重点披露数据隐私和网络安全等方面的信息，因为这些因素直接关系到企业的声誉和经济利益；在能源行业，企业会关注能源转型、碳排放管理等议题，以应对能源市场的变化和政策法规的要求。例如，某手机生产商在其 ESG 报告中突出了产品生命周期管理、供应链风险管理等与行业相关且对财务有重要影响的 ESG 因素，同时也披露了公司在环境保护、员工权益保护等方面的工作。

中国企业的 ESG 报告虽然涵盖了环境、社会和治理等方面的内容，但部分企业在披露时存在信息不完整的问题。一些企业对环境信息的披露主要集中在污染物排放方面，而对能源消耗、资源利用等其他重要环境指标的披露较少；在社会方面，对员工权益保护、社区关系等议题的披露不够深入，缺乏具体的数据和案例支持。此外，中国企业的 ESG 报告在行业间的差异较大，一些新兴行业的企业对 ESG 的认识和披露还处于起步阶段，导致报告内容相对简单。

全球 ESG 信息披露有望朝着标准统一、政策协调和实践优化的方向发展。在标准统一方面，随着国际可持续准则理事会发布的可持续披露准则的逐步实施，全球统一的 ESG 信息披露标准将逐渐形成。ISSB 准则以“双重重要性”为基础，要求企业从治理、战略、风险和机遇管理、指标和目标等方面进行披露，为全球企业提供了统一的披露框架。

三、ESG“漂绿”

在全球可持续发展理念日益深入人心的当下，ESG 已成为企业发展与投资决策中不可或缺的考量因素。随着各界对 ESG 重视程度的不断攀升，企业纷纷投身于 ESG 实践并积极披露相关信息，力求在可持续发展领域展现自身的努力与成果。然而，在此过程中，“漂绿”行为却如暗流涌动，逐渐浮出水面。

（一）漂绿的来源与定义

“漂绿”（Greenwash）一词最早出现在 1986 年，当时美国环保主义者杰伊·韦斯特维尔德（Jay Westerveld）在一篇文章中描述了他入住酒店时的经历。酒店在房间里放置卡片提醒住客重复使用毛巾，声称这是为了减少洗涤剂和能源的使用，进而“拯救我们的星球”，但韦斯特维尔德后来发现酒店对一些垃圾的处理很少予以重视，酒店的这种行为实际上是为了减少洗涤毛巾的成本，提高酒店利润。他将这种虚伪的行为命名为“漂绿”，该词也由此而来，最初主要是针对环保领域中企业传播虚假信息，却没有实际行动或影响甚微、名不副实的行为。

因此，“漂绿”行为是指企业或组织在宣称自身环保、社会责任和可持续发展成果时，过度美化或误导性地呈现其实际行为，使得公众对其真实的环保和社会责任表现产生误解。这种行为不仅严重损害了企业的诚信形象，更对整个 ESG 市场的健康发展造成了极大的阻碍。从投资者角度来看，“漂绿”行为导致信息严重失真，使投资者难以做出科学合理的投资决策，进而可能引发投资失误，造成经济损失。就市场层面而言，“漂绿”行为破坏了市场的公平竞争环境，扰乱了资源的合理配置，使得真正践行 ESG 理念的企业难以获得应有的市场认可与回报，而那些通过“漂绿”手段伪装的企业却可能借此谋取不当利益。从社会和环境层面讲，它误导消费者选择，影响市场资源配置效率，削弱公众对环保事业的信心。长此以往，“漂绿”行为将侵蚀 ESG 理念的根基，阻碍联合国可持续发展目标的实现进程。

（二）“漂绿”行为的表现形式

“漂绿”行为有以下显著特征：虚假环保声明，夸大其词、无中生有；模糊信息披露，提供不完整数据，掩盖实际表现；绿色标签滥用，未经认证或授权，私自打印。从消费者角度来看，消费者可能购买到实际上并不环保的产品，损害其利益。从市场竞争角度来看，实施“漂绿”行为的企业挤压了真正环保企业的市场空间，破坏了市场的公平竞争环境，阻碍了整个行业向绿色、可持续方向发展。那些真正在环保方面投入大量资源、努力减少环境影响的企业，可能因为不愿意参与虚假宣传而在市场竞争中处于劣势。而投资者可能因为企业的“漂绿”行为而误判该企业的 ESG 表现，做出错误的投资决策，导致投资受损。

（三）“反漂绿”政策与行动

中国的《企业可持续披露准则——基本准则（试行）》作为 ESG 领域的重要政策文件，在防范企业“漂绿”行为方面发挥着关键作用。该准则通过构建具有中国特色的可持续披露体系，重点规范企业环境承诺与实际行动的一致性，从制度层面遏制虚假环保宣传。该准则特别强调信息披露的真实性和可验证性，要求企业在披露可持续发展信息时必须提供可追溯的量化数据和具体实施方案，这直接针对了“漂绿”行为中常见的模糊表述和夸大宣传问题。在适用范围上，采取渐进式实施策略：优先覆盖上市公司和大型企业，逐步向非上市公司和中小企业扩展，这种分阶段推进的方式既考虑了不同规模企业的披露能力差异，又确保了“反漂绿”监管的全面覆盖。值得注意的是，该准则从定性要求向定量要求的转变，以及从自愿披露向强制披露的过渡，显著提升了企业环境声明的可信度，为监管部门识别和打击“漂绿”行为提供了制度依据。这一系列安排充分体现了我国在推动经济高质量发展过程中，对“漂绿”风险的精准防控和对企业真实环境表现的严格要求。

美国证券交易委员会积极打击“漂绿”行为，针对 ESG 出台了两套拟议规则。第一套拟议规则聚焦于投资产品的命名，要求投资产品如实标注，只有在投资过程更强调 ESG 因素而不是其他因素时，才可以为产品贴上 ESG 标签。第二套拟议规则是针对注册投资公司、基金和顾问的 ESG 披露规则，要求其在宣传册中披露其重要投资策略或分析方法中关于 ESG 因素的考虑，并在年度报告中向 SEC 披露 ESG 信息。

此外，欧洲也在积极行动，以强硬姿态加入打击“漂绿”行为的行列。2024 年 1 月 17 日，欧洲议会通过决议，在误导性商业行为清单中新增 4 条“漂绿”相关禁令，对“漂绿”行为进行了全方位的约束：禁止展示不基于认证计划或不是由公共机构建立的可持续发展标签；禁止在无法证明卓越环境绩效的情况下，发布一般性环境声明；禁止仅基于产品局部或单项贸易的环境行为，对整个产品或贸易业务提出环境声明；禁止以碳抵消为由，宣称产品在温室气体排放方面对环境具有中性、减少或积极的影响。

据统计，欧盟市场约 53% 的环保声明存在模糊、误导或缺乏证据的情况。诸如“碳中和香蕉”“海洋友好 T 恤”等营销话术泛滥，导致消费者信任度降至冰点。因此，欧盟在政策层面持续发力，进一步强化对“漂绿”行为的监管。如《赋能消费者以实现绿色转型指令》［Directive（EU）2024/825］已于 2024 年 3 月 27 日生效，要求各成员国在 2026 年 9 月前落实，禁止模糊声明（如“环保”“绿色”“可生物降解”“生态”）和基于碳抵消的“碳中和”宣传。而《绿色声明指令》（*Green Claims Directive*，简称“GCD”）则于 2024 年 6 月获欧盟理事会通过，预计将在 2025 年完成立法程序，并于 2027 年全面实施，聚焦环境声明的全生命周期验证和第三方认证。

（四） 结论

据权威风险分析机构 RepRisk 数据，2023—2024 年，欧洲“漂绿”案例数量减少了 20%，英国下降了 4%。这表明当地完善的政策与监管使“漂绿”行为更易被发现和遏制。如欧盟《绿色声明指令》及英国《绿色声明法典》，提高了市场营销透明度和准确性，让企业难以轻易“漂绿”，投资者在此环境下更能识别投资项目的风险。

2022—2023 年美国“漂绿”案件数量曾下降 10%，但 2024 年再次上升，企业再次违规可能性为 42%，高于全球平均的 30%。美国虽有反 ESG 浪潮，但部分州（如加利福尼亚州）出台了强制性气候排放披露规则，说明即使在有政治因素干扰的地区，监管仍在发挥作用，能让投资者了解企业真实的 ESG 情况。

由此可见，在 ESG 投资领域，投资者应转换思路，将目光投向“漂绿”行为曝光较多的国际地区。这看似有悖常理，实则不然。这些地区之所以能发现更多的“漂绿”行为，恰恰表明其 ESG 披露政策、“反漂绿”行动监管体系更为完善。在这样的环境下，企业难以通过虚假宣传蒙混过关，投资风险也能得到更有效的识别和规避。相较于那些监管缺失、“漂绿”行为难以察觉的地区，这些地区的投资环境其实更为健康、透明，能让投资者的投资决策更具可靠性，从而获得更稳健的回报。

四、ESG 与企业出海

近年来，中国企业出海呈现出蓬勃发展的态势，规模不断扩大，行业分布日益广泛，区域布局也更加多元化。

从规模上看，中国企业对外直接投资持续增长。商务部、外汇局数据显示，2024 年 1—6 月，我国全行业对外直接投资 6 060. 7 亿元，同比增长 16. 1% 。其中，我国境内投资者共对全球 152 个国家和地区的 5 532 家境外企业进行了非金融类直接投资，累计投资 5 159. 7 亿元，增长了 19. 5% 。这表明中国企业在国际市场上的活跃度不断提高，出海步伐不断加快。

在行业分布方面，中国企业出海涵盖了多个领域。传统制造业如家电、纺织、机械等，凭借成本优势和成熟的生产技术，在海外市场占据了一定份额。随着国内产业升级和技术创新，高新技术产业如电子信息、新能源、人工智能等也成为出海的新热点。新能源汽车企业积极拓展海外市场，在欧洲、东南亚等地区建立生产基地和销售网络；电子信息企业加大在海外的研发投入和市场布局，提升产品的国际竞争力。金融、物流、互联网等服务业也在加速出海，为其他行业提供配套支持。

（一） 中国企业出海面对的 ESG 相关政策 （以欧盟地区为主）

《企业可持续发展报告指令》在信息披露方面提出了极高的要求。它引入了“双重重要性”原则，企业不仅要从财务重要性角度考量可持续发展相关事宜对企业自身财务状况的影响，还要从影响重要性角度评估企业运营对环境和社会产生的直接与间接影响。这意味着企业必须全面梳理其业务活动对环境、社会各方面的影响，并进行详细披露。在环境影响方面，企业必须披露碳排放、能源消耗、水资源利用、废弃物处理等数据；在社会影响方面，则涵盖员工权益、供应链劳工标准、社区关系等内容。

《企业可持续发展尽职调查指令》强化了对供应链中人权和环境风险的尽职调查义务，要求企业不仅要关注自身的运营活动，还要对子公司和业务伙伴的活动进行监督，确保它们不会对人权和环境造成负面影响，企业自身还需加强自身的环境和社会责任管理，以符合欧盟的标准。为此，企业必须成立专门的合规部门或职能部门，负责制定和监督相关的流程、政策和标准，与企业各业务部门和关键利益相关方保持紧密联系，保证可持续性信息披露的收集与报告是准确和及时的，以确保企业自身经营活动与《企业可持续发展尽职调查指令》的要求保持一致。当然，《企业可持续发展尽职调查指令》的执行要求企业必须投入一定的额外成本来建立和运行尽职调查程序。

2025 年 1 月 1 日，欧盟正式实施了严格的新二氧化碳排放法规，这是欧洲应对气候变化、推动绿色转型的重要举措。新的法规不仅为乘用车和轻型商用车设定了更为严格的排放目标，而且通过超级积分、生态创新和联营机制，为汽车制造商提供了多种灵活的合规途径。

2026 年起，欧盟对钢铁、铝、水泥等产品征收碳关税，中国出口企业需提供碳排放数据并按欧盟碳价补差价。2025 年是欧盟碳边境调节机制过渡期的关键一年，政策规则进一步细化，对中国出口企业提出了更高要求。根据最新政策动态，过渡期申报规则在数据计算、申报流程和资质管理三方面有以下显著变化，企业应予以高度重视。

（1）数据计算方法的严格化

2024 年 12 月 31 日前进口的商品仍可采用多种碳排放计算方法，但自 2025 年起，进口商品必须统一使用欧盟规定的标准方法。此举旨在减少数据模糊性，确保碳排放核算的全球可比性。企业需全面掌握欧盟标准方法（如产品全生命周期碳足迹核算），涉及生产工艺、能源消耗、运输等环节的数据精细化采集。2024 年 6 月 30 日前进口的商品若数据缺失，可使用欧盟默认值估算碳排放；2024 年 7 月 1 日后进口的商品仅允许复杂商品（如含多级供应链的机械零部件）的碳排放总量中不超过 20% 采用默认值，其余 80% 必须基于实际数据计算。

（2）数据申报方式的优化

自 2025 年 1 月 1 日起，欧盟开放出口商数据填报模块，允许中国企业直接通过 CBAM 平台提交产品碳排放数据。同一出口商向多家欧盟进口商供货时，仅需提交一次数据，避免重复劳动；欧盟推出“设施运营商注册门户”，允许非欧盟生产企业直接上传碳排放数据，并选择性向进口商开放。平台支持敏感数据保密处理，降低信息泄露风险。

（3）“授权 CBAM 申报人”身份强制化

自 2025 年起，欧盟进口商或代理需在线申请“授权 CBAM 申报人”资质，提交包括企业基本信息、财务能力证明、无违规记录声明等材料。2026 年后，未获资质的进口商将无法进口 CBAM 覆盖商品。关键材料有 EORI 编号（经济运营商注册识别码）、近三年财务报表及资产负债表、原产国碳价支付证明（如国内碳市场交易记录）。

2025 年碳关税又有了新的修订：对全年累计进口 50 吨及以上碳关税商品的进口商征收碳关税；碳关税证书价格从之前的周均碳价调整为年均碳价，与正式期履约周期一致；正式期第一次履约时间从 2026 年 5 月 31 日调整至 2027 年 10 月 31 日，以结算 2026 年进口商品碳关税；覆盖范围调整，将未锻造高岭土排除在覆盖商品之外；罚款机制允许更多的解释空间。

除此之外，2023 年年底，英国宣布计划在 2027 年推出英国的碳边境调节机制，即英国“碳关税”。在经历了 2024 年上半年的公开意见征询后，英国政府于 2024 年 10 月 30 日对英国“碳关税”的推出时间和政策细节作出统一回应，确认该项制度将在 2027 年 1 月 1 日起正式实施。澳大利亚、美国、加拿大等发达经济体也在考虑建立与欧盟、英国类似的“碳关税”制度，这可能会给我国出口商的未来运营带来更多压力。

（二）中国企业应对出海（以比亚迪为例）

面对欧盟碳边境调节机制和二氧化碳排放新规的出台，比亚迪股份有限公司（以下简称“比亚迪”）依托自研刀片电池及其垂直整合的供应链体系，凭借欧洲强大的汽车产业链继续向新能源、低碳化转型。比亚迪依托比亚迪单车成本远低于欧洲车企，其新能源车型的碳排放强度低于欧盟二氧化碳排放法规规定的排放限值。比亚迪在欧洲设立电动车工厂、产能基地等本地化产业链，规避关税壁垒，积累更多碳积分。而欧洲车企在欧盟《新电池法》《二氧化碳排放法规》的压力之下，新能源转型困难，电动车市场份额过低，若碳排放无法达标则需要支付巨额赔款。因此，比亚迪凭借自身完整产业链成为碳排放积分市场的主导者，与欧洲汽车制造商进行谈判，形成一个碳排放积分池，向欧洲车企出售碳排放积分额度，帮助他们避免因2025年碳排放不达标而面临的欧盟巨额罚款。

由此可见，企业在面临出海时，可以选择当地支柱产业进行投资，做配套产业链发展。当地支柱产业往往拥有庞大的市场份额和成熟的客户群体，相比在一个全新且需求不明朗的领域开拓，依托当地支柱产业的配套产业链发展，能使企业更精准地把握市场需求，减少市场开拓的盲目性和风险。还有一点就是应对好当地政策，就如前文讲到的环境产品声明，因为国际认可，企业出海就会有优势。

五、ESG与EHS

EHS代表环境（Environmental）、健康（Health）和安全（Safety），主要关注企业内部运营中的环境保护、员工健康及安全管理。EHS管理的核心任务是确保企业的生产活动符合环境保护法规，减少污染排放，保障员工的身心健康，并确保工作场所的安全，防止事故和伤害的发生。作为企业日常运营的基础性管理工作，EHS通常通过严格的合规管理措施和标准操作程序来执行。

（一）ESG与EHS的联系和区别

1. 环境（Environmental）方面的相似性与差异性

在环境领域，EHS与ESG的目标相似，都致力于减少企业的环境影响。二者的共同目标是确保企业在运营过程中遵守环境保护法规，减少污染排放，使企业的生产活动对自然环境的负面影响降至最低。然而，ESG管理中的一个关键概念是“双重重要性”，即ESG不仅关注企业对环境的影响，还强调环境因素如何反过来影响企业的财务表现。具体来说，气候变化可能带来不同类型的风险和机会，如政策变化、市场需求的转变、天气模式的变化对供应链的影响等，这些都会直接或间接影响企业的财务业绩。因此，ESG 管理者需要考虑气候变化和环境保护的风险管理策略如何在企业财务中反映出来，而这些内容超出了传统 EHS 的范围。

例如，企业如何应对气候变化可能带来的风险，如极端天气事件的频发对生产线和供应链的影响，或者如何通过转向循环经济模式来实现资源的再利用，推动商业模式的转型，这些问题在 EHS 管理中并不直接涉及，但在 ESG 框架下却是管理者需要重点关注的内容。

2. 社会（Social）方面的联系

在社会维度，EHS 中的健康与安全可以视为 ESG 社会议题的一个重要组成部分。EHS 专注于员工的健康和安全，确保工作场所无事故且符合法规要求。与此相似，ESG 的社会议题还包括劳工人权、社会公平、供应链管理等方面。尽管 EHS 涉及员工健康和安全的具体实践，但 ESG 的社会议题更广泛，包括企业在全球范围内如何处理劳工权利、供应商的社会责任、产品安全、社区影响等，ESG 要求企业不仅要关注自己的员工，还要考虑到对整个社会层面的责任与影响。

3. 治理（Governance）方面的区别

在治理方面，EHS 与 ESG 的差异最为显著。EHS 管理人员的职责主要集中在企业的环境保护、员工健康与安全保障上，通常不参与或较少涉及企业的治理结构和决策过程。因此，EHS 人员通常不涉及公司治理层面的工作，例如董事会结构、风险管理、内部控制体系、商业道德和反贿赂等问题。

而 ESG 管理者则需要深入了解并参与公司治理的各个方面。ESG 管理者不仅要确保公司符合环境方面的法律法规，还要确保公司具有透明的治理结构，关注股东权益，履行企业的社会责任，尤其是在反腐败、商业道德等方面的管理。ESG 管理人员还要与高级管理层合作，确保企业的治理框架与 ESG 目标的一致性。

因此，EHS 管理人员的职责主要集中在操作层面，而 ESG 管理人员的工作则涉及战略层面的决策和整体公司治理。由于 ESG 管理涉及更广泛的企业治理和战略层面，对职级和决策权的要求通常较高，因此，ESG 管理人员通常在企业的高层管理结构中占据更重要的地位，而 EHS 管理人员的职级通常较低。

总而言之，企业设置 EHS 部门通常是为了应对监管合规要求，因为环境保护和安全管理是各级监管机构重点关注的领域。为了有效管理环保和安全风险，企业需要有专门的团队来确保遵守相关法规，并及时披露必要的数据与信息，从而避免遭受政府处罚。因此，EHS 部门往往被视为成本中心（企业老板常常忽略 EHS 带来的潜在收益，特别是中小企业的老板），其主要职能是降低风险，而较难直接为企业创造显著的财务价值。

而 ESG 更注重企业的未来发展和可持续性。除了确保合规并降低风险外，ESG 部门还能为企业创造显著的财务价值。例如，通过推动节能减排，企业不仅可以降低运营成本，还能提高能源使用效率。此外，实施 ESG 实践的公司通常被认为更加负责任和具有可持续性，这使得它们在新消费趋势下具有更强的市场竞争力，从而进一步提升企业的品牌价值。在 ESG 框架下，企业不仅要对环境和社会负责，还要通过良好的治理结构，提升透明度，增强股东和投资者的信任，最终实现企业的长期价值增值。

（二） EHS 向 ESG 转型

1. EHS 管理与 ESG 目标的重合

在很多企业中，EHS 部门的管理工作是 ESG 管理的一部分。EHS 部门的日常职责，包括环境数据分析、健康安全风险评估、企业环境信息披露等，都是 ESG 管理中必不可少的环节。例如，碳排放的监测和报告，往往由 EHS 部门负责收集和管理数据，这些数据最终将被用在企业的 ESG 报告中，帮助企业展示其在环境保护方面的努力和成效。

2. EHS 的实践为 ESG 管理提供数据支持

EHS 部门日常积累的大量数据，尤其是与环境污染、能源消耗、职业健康安全等相关的定量数据，为 ESG 报告的编制提供了重要依据。例如，能源使用情况、排放数据、工伤事故率等，都是衡量企业环境和社会责任的关键指标。此外，随着数字化技术的不断发展，EHS 部门也在不断推动 ESG 数据的实时监控和动态评估，帮助企业更准确地了解自身的 ESG 表现。

3. EHS 人员具备 ESG 管理的核心技能

EHS 人员具有 ESG 管理所需的许多核心技能。例如，EHS 人员通常拥有较强的跨部门协作能力，因为 EHS 工作涉及多个部门的配合。同样，ESG 管理需要协调各个部门的工作，尤其是在推动企业可持续发展战略时，EHS 人员的经验和沟通能力将成为重要的推动力。此外，EHS 人员通常具有出色的报告和披露能力，能够根据不同监管要求，及时发布相关的环境与安全报告，这在 ESG 管理中同样是不可或缺的。

实际上，许多企业的 ESG 管理战略是建立在 EHS 管理基础之上的。EHS 部门负责的环境保护、员工安全等工作，为 ESG 框架提供了实际的操作依据和数据支持。随着可持续发展理念的深化，越来越多的企业开始将 EHS 和 ESG 管理有机结合，形成更加全面的可持续发展战略。

六、ESG 的实践

贵州茅台酒股份有限公司（以下简称“茅台”）作为中国最具代表性的白酒企业之一，在 ESG 方面的表现相对滞后。根据 MSCI ESG 评级，茅台的 ESG 评级维持在 BB 级别。

紫金矿业集团股份有限公司（以下简称“紫金矿业”）作为全球最大的金属矿产企业之一，其 ESG 评级在多个国际评级机构中表现不一。在 S&P Global ESG 评级中，紫金矿业的评级为 B，属于中低水平。

内蒙古伊利实业集团股份有限公司（以下简称“伊利股份”MSCI ESG 评级荣获 A 级别，成为 A 股上市公司中的佼佼者。然而，能否就此判定伊利股份在综合表现上优于茅台和紫金矿业呢?

茅台和紫金矿业代表了中国传统制造业和资源类企业，其 ESG 评级较低的原因主要是其行业本身在 ESG 评价体系中存在不利因素，酒精是致癌物，而采矿行业面临较重的环境压力。相比之下，伊利股份就没有此类困扰。因此，我们常说企业的 ESG 评级评的是企业在本行业中的地位和水平，不同行业在 ESG 评级方面的比较需充分考虑行业特性差异。茅台是 A 股白酒类上市公司中 ESG 表现最好的企业，同理，紫金矿业也是。

而在科技领域，腾讯和阿里巴巴作为典型代表，在 ESG 实践方面的表现有一定可取之处。

（一）环境方面

1. 数据中心节能与碳中和实践

科技企业的核心资产往往集中在数据中心和云计算平台上，而这些设施的运行消耗大量能源，成为企业碳排放的重要来源。两家公司均在数据中心的选址、设计和运营上力求做到高能效、低消耗。阿里巴巴在部分数据中心引入液冷技术，并结合智能调控系统实时监控能耗变化；腾讯则采用了高效服务器及模块化设计，并不断优化冷却系统，以降低能耗和温室气体的排放量。

面对全球碳中和趋势，腾讯在其部分园区中开始引入太阳能、风能等可再生能源设施；阿里巴巴则通过绿色电力采购模式，积极探索如何通过外部绿色能源来抵消传统能源带来的碳足迹。尽管这两家公司尚未实现全面碳中和，但持续的技术投入和创新管理已为企业树立了良好的示范。

2. 数字化赋能环保与供应链绿色转型

科技企业具备数字化、智能化优势，这为其推动环境保护提供了独特的工具和思路。

具体而言，利用人工智能进行环境监控已成为企业减少能源浪费的重要手段。例如，腾讯借助云计算平台和大数据分析，建立了专门的环境管理系统，不仅能实时监测园区内的能源消耗情况，还可以根据历史数据预测能源需求，进而优化调度，减少浪费。阿里巴巴则通过其内部研发团队不断完善数据模型，为绿色物流、供应链管理等环节提供精细化的能耗分析支持。

供应链的绿色转型是科技企业减少环境影响的重要一环。阿里巴巴利用旗下电商和物流平台，推广环保包装、低碳运输和节能降耗措施，并鼓励供应商加入绿色认证体系；腾讯也在通过技术手段推动上下游企业建立透明、低碳的供应链体系，从而实现整个产业链的绿色转型。

3. 电子垃圾回收与资源循环利用探索

面对电子产品更新换代带来的电子垃圾问题，腾讯和阿里在资源回收和循环利用方面也进行了积极尝试。两家公司通过建立完善的回收机制，与专业回收企业合作，推动废旧电子设备的拆解和再利用；通过优化物流和回收渠道，不仅减少了环境污染，还实现了部分资源的二次利用。

在这一过程中，企业还利用大数据和人工智能对回收流程进行智能监控，确保资源回收链条的高效和透明。这种模式既符合可持续发展理念，也为企业在资源管理方面创造了新的增长点。

（二） 社会方面

1. 人才培育与权益保障

科技企业的快速发展离不开高素质的人才，因此保障员工权益、营造良好工作环境成为企业 ESG 实践的重点。

腾讯和阿里巴巴在人才培养和员工福利方面投入了大量资源。两家公司不仅提供定期的职业培训和技能提升计划，还在心理健康、职业生涯规划等方面推出多种举措，确保员工在高压工作环境下依然能保持身心健康。两家公司通过建立完善的内部晋升机制和激励体系，激发了员工的创新潜力，同时也增强了企业的凝聚力。

2. 数据安全与隐私保护

在数字化浪潮中，用户数据安全和隐私保护问题尤为重要，直接影响公众对企业的信任。

针对庞大的用户数据，腾讯和阿里巴巴均构建了多层次的数据安全防护体系。通过数据加密、访问控制、定期安全审计等手段，有效防范数据泄露风险。同时，在国际数据传输方面，双方均建立了符合各国法规的数据保护机制，确保用户信息在全球范围内的安全流转。为增强公众信任度，企业定期发布信息安全及隐私保护报告，披露各类安全措施、风险防控进展及应急处理案例。这种透明度不仅有助于监管机构的监督，也促使企业不断完善自身安全体系。

（三） 公司治理方面

1. 治理优化与透明披露

企业治理水平直接关系到 ESG 实践的整体效果，而完善的治理结构与透明的信息披露机制正是腾讯和阿里巴巴不断优化的重要内容。

两家公司均在董事会中引入了大量具有国际视野和专业背景的独立董

事，通过多样化构成为决策层提供独立意见，防止因利益固化导致的管理漏洞。与此同时，内部审计和风险管理部门的独立运作，也为企业内部控制和风险防范提供了坚实支撑。

同时，腾讯和阿里巴巴定期发布 ESG 报告，详细介绍企业在环境、社会和治理方面的各项举措、进展及未来规划。这种透明化信息披露不仅提升了投资者信心，也推动了行业整体 ESG 标准的不断提升。

2. 合规强化与风险管控

在全球化市场中，企业面临的法律法规环境日益复杂，完善的合规管理和风险控制机制显得尤为重要。

腾讯和阿里巴巴在拓展国际业务过程中，均组建了专门的跨国法律事务团队，确保公司在不同国家和地区的业务均符合当地法律法规要求。这样的做法不仅降低了法律风险，也增强了企业在国际市场中的竞争力。

在内部控制方面，企业构建了严密的风险管理体系，涵盖从财务、运营到数据安全等多个层面。通过内部审计和外部监督相结合的模式，企业能及时发现潜在问题并采取有效措施。此外，阿里巴巴在部分业务环节尝试引入区块链技术，增强数据不可篡改性，从而进一步保障治理流程的透明与高效。

良好的 ESG 实践不仅为企业自身赢得了社会信任和市场认可，也为全球其他企业提供了实践参考。未来，随着全球对可持续发展要求的不断提升，企业将持续优化 ESG 管理，为实现全球经济可持续发展贡献力量。

七、未来 ESG 面临的挑战与机遇

尽管 ESG 理念已经在全球范围内逐渐得到推广和认同，但未来 ESG 仍将面临复杂的挑战和机遇。从缺乏统一的全球标准，到数据的透明度问题，再到技术创新和政策驱动的机遇，企业如何在这些复杂的变化中立足，如何在面临压力的同时把握未来机遇，将决定其能否在全球竞争中脱颖而出。

（一） 挑战

1. 缺乏统一的全球 ESG 标准和规范

不同国家和地区对于 ESG 的定义、报告要求和实施标准差异较大，这些差异给全球企业带来了巨大的合规成本。

未来，全球统一的 ESG 框架有可能逐步形成，尤其是随着国际标准化组织和联合国全球契约组织等机构的推动，预计会有更多国际性的指导意见与报告框架出台。而越来越多的跨国企业将面临整合不同地区 ESG 合规要求的压力，需要更多的全球化视野和适应性。

2. ESG 数据质量与透明度的短板

ESG 数据一直是投资者和利益相关方评估企业可持续发展表现的重要依据。但目前的 ESG 数据存在严重的质量问题：很多企业的报告仅仅是为了形式化的合规，缺乏深入和全面的数据支持；同时，现有的 ESG 评级体系如 MSCI 等也存在评估方法不透明、主观性强的问题。

随着人工智能、大数据技术的进步，未来 ESG 数据的质量与透明度将得到改善。技术的进步不仅使得数据的采集更加精准，而且能够基于大量非结构化数据（如社交媒体、新闻报道、消费者反馈等）进行综合分析，提升 ESG 评估的准确性与实时性。

3. ESG “漂绿” 现象的增多

随着 ESG 理念的普及，越来越多的企业开始披露 ESG 报告，但其中不乏夸大宣传、虚假陈述的情况，特别是在 ESG“漂绿”方面，许多公司以环保或社会责任为名，掩盖其实际的环境破坏行为或劳工剥削现象。这种做法不仅会误导消费者，也会损害 ESG 的整体公信力。

未来，企业在 ESG 报告方面的披露要求将更加严格，第三方验证和审计机制将得到加强。此外，技术的运用，尤其是区块链技术在提升 ESG 透明度方面的潜力，将使得企业的 ESG 行为更加可追溯和不可篡改。

4. 利益相关者的多样性与复杂性

在 ESG 的推进过程中，企业往往会面临不同利益相关者的冲突。例如，股东、员工、政府和消费者在某些情况下可能对同一问题有着截然不同的看法。如何在满足股东回报的同时兼顾员工的福利、环境的可持续性和社会责任，已成为许多企业亟需解决的问题。

随着社会的进步和利益相关者意识的提升，未来企业将更加注重多方利益的平衡，制定长期可持续的战略。随着社会责任感的增强，利益相关者的声音变得越来越重要，企业必须加强与各方的对话和互动。越来越多的企业将采取股东与其他利益相关者的“共赢战略”，这种战略在未来将成为常态。

5. ESG 的财务影响评估不明确

尽管有大量研究显示，良好的 ESG 表现与企业的长期财务表现有着正相关关系，但短期内的 ESG 投资回报率并不总是非常显著。许多企业，尤其是传统行业的企业，可能对实施 ESG 战略的财务回报持保守态度，这就限制了更多的企业在 ESG 方面采取实际行动。

相信随着 ESG 数据的标准化和透明化，更多研究将揭示 ESG 投资的长远财务回报。此外，政策导向也将在推动企业实施 ESG 战略方面发挥更大作用。例如，国家政策层面可能提供更多激励措施，帮助企业在实施 ESG 战略时缓解短期财务压力。

（二） 机遇

1. 政策与法规的推动

政府对 ESG 的重视程度持续上升，全球有多个国家正在出台严格的 ESG 政策和法规。尤其是在碳排放、环境保护等领域，政策法规的出台不仅为企业提供了更加明确的行动指南，也促使企业在环境和社会责任上进行更多的投入。例如，中国的碳达峰和碳中和目标将在未来为企业提供新的机遇。

未来企业不是仅仅应对政策的压力，而是可以借助政策带来的机遇，打造长期竞争优势。特别是在 ESG 驱动下，政府的激励措施将为企业提供资金、技术支持及市场准入优势，优秀的 ESG 表现将在全球化的竞争中为企业赢得更多的市场份额。

2. 绿色金融的崛起

绿色金融作为支持可持续发展的金融工具，正在逐步发展成为全球资本市场的重要组成部分。绿色债券、绿色股权、绿色投资基金等产品的崛起，为企业提供了更多的融资渠道，同时也为投资者提供了新的投资选择。随着 ESG 投资理念的不断渗透，越来越多的资本开始向符合 ESG 标准的公司流动。

绿色金融将不再局限于能源或环境领域的投资，它将被广泛应用于各个行业，涵盖农业、交通、科技等多个领域。在这一趋势下，企业不仅能通过绿色融资获得资金支持，还能借助金融工具来提升自身的品牌价值和市场影响力。

3. ESG 技术创新的推动力

技术创新将是推动 ESG 进步的核心动力之一。人工智能、区块链、大数据等技术在 ESG 领域的应用，将使得企业在环境管理、社会责任履行和治理结构的完善上取得显著成效。例如，AI 可以帮助企业实时监控其碳排放水平，大数据则能分析并优化企业的社会责任项目。

未来 ESG 技术的发展将催生出新的产业链和商业模式。企业将通过技术手段，在更加精准和高效的管理下提升自身的 ESG 表现。例如，智能化的能源管理系统将帮助企业大幅度减少能源消耗和碳排放，而区块链将为碳交易提供更加透明和安全的平台。

4. 消费者与员工的价值观驱动

随着消费者和员工对企业社会责任的关注度不断提升，越来越多的企业发现，良好的 ESG 表现不仅能提升品牌形象，还能吸引更多忠实的消费者和优秀的人才。尤其是在年轻一代的消费者和员工中，ESG 理念已经成为其选择品牌和雇主的重要标准。

未来，企业将更多地从市场需求出发，通过创新的 ESG 产品和服务来吸引消费者和员工的关注。例如，通过推出低碳、可回收的产品吸引环保意识强的消费者，通过建立公平、透明的企业文化来吸引有社会责任感的优秀人才。

5. 全球供应链的可持续化

在今天，越来越多的人开始提出“逆全球化”。但不断出海的中国企业也越来越认识到，单一企业的 ESG 表现已经不足以应对全球市场的需求，企业必须在全球供应链上采取可持续发展措施。供应链的可持续化不仅涉及环保，还包括社会责任和治理等方面。

未来全球供应链的可持续化将成为企业的核心竞争力之一。企业将不仅关注自身的 ESG 表现，还将积极推动上下游供应链伙伴在环境保护、劳动权利、反腐败等方面的改进，这将成为全球商业生态系统的重要发展趋势。

ESG 的未来，将是一个充满挑战和机遇的时代。企业能否在这一过程中脱颖而出，将决定其在未来市场中的地位。

参考文献

[1] 欧盟理事会. 欧盟市场禁止强迫劳动产品条例[S]. 布鲁塞尔：欧盟理事会，2024.

[2] ECCLES R G, IOANNOU I, SERAFEIM G. The impact of corporate sustainability on organizational processes and performance[J]. Management Science, 2014,60(11): 2835 –2857.

[3] FRIEDE G, BUSCH T, BASSEN A. ESG and financial performance: Aggregated evidence from more than 2000 empirical studies[J]. Journal of Sustainable Finance & Investment, 2015,5(4): 210 –233.

[4] CLARK G L, FEINER A, VIEHS M. From the Stockholder to the Stakeholder: How Sustainability Can Drive Financial Outperformance[EB/OL]. (2014 –09 –15)[2025 –02 –10]. https://doi.org/10.2139/ssrn.2508281.

[5] KHAN M, SERAFEIM G, YOON A. Corporate sustainability: First evidence on materiality[J]. The Accounting Review, 2016,91(6): 1697 –1724.

[6] GIBSON B R, KRUEGER P, SCHMIDT P S. ESG Rating Disagreement and Stock Returns[J]. Financial Analysts Journal, 2021,77(4): 104 –127.

[7] BERG F, KÖLBEL J F, RIGOBON R. Aggregate confusion: The divergence of ESG ratings[J]. Review of Finance, 2022,26(6): 1315 –1344.

[8] HONG H, KACPERCZYK M. The price of sin: The effects of social norms on markets[J]. Journal of Financial Economics, 2009,93(1), 15 –36.

[9] DIMSON E, KARAKAŞ O, LI X. Active ownership[J]. The Review of Financial Studies, 2015,28(12), 3225 –3268.

[10] TIROLE J. Economics for the common good[M]. Princeton: Princeton University Press, 2017.

[11] UNITED NATIONS PRINCIPLES FOR RESPONSIBLE INVESTMENT. Principles for Responsible Investment [EB/OL]. (2014-01-30) [2025-02-10]. https://esg-platform.com/wp-content/uploads/2023/10/United_Nations-backed_Principles_for_Responsible_Investing_PRI.pdf.

[12] AMEL-ZADEH A, SERAFEIM G. Why and how investors use ESG information: Evidence from a global survey [J]. Financial Analysts Journal, 2018,74(3): 87-103.

[13] OECD. ESG Investing and Climate Transition: International Investment Perspectives[M]. Paris: OECD Publishing, 2021.

[14] SCHOLTENS B. Finance as a driver of corporate social responsibility [J]. Journal of Business Ethics, 2006,68: 19-33.

[15] MUDALIAR A, DITHRICH H. Sizing the Impact Investing Market [EB/OL]. (2019-04-01) [2025-02-10]. https://thegiin.org/publication/research/impinv-market-size/.

[16] GREGORY N, VOLK A. Growing Impact: New Insights into the Practice of Impact Investing [EB/OL]. (2020-06-04) [2025-02-10]. https://documents1.worldbank.org/curated/en/823581596091469569/pdf/Growing-Impact-New-Insights-into-the-Practice-of-Impact-Investing.pdf.

[17] BUGG-LEVINE A, EMERSON J. Impact investing: Transforming how we make money while making a difference[J]. Innovations: Technology, Governance, Globalization, 2011,6(3): 9-18.

[18] CLARKIN J E, CANGIONI C L. Impact investing: A primer and review of the literature[J]. Entrepreneurship Research Journal, 2016,6(2): 135-173.

[19] NICHOLLS A, EMERSON J. Social finance: Capitalizing on impact investing[M]//NICHOLLS A, ROB P, JED E. Social Finance. Oxford: Oxford University Press, 2015: 1-42.

[20] MUDALIAR A, BASS R, DTHRICH H, et al. The landscape for impact investing in Southeast Asia [EB/OL]. (2024-09-16) [2025-02-10]. https://s3.amazonaws.com/giin-web-assets/giin/assets/publication/research/giin-seal-full-digital-webfile.pdf.

[21] INTERNATIONAL ORGANIZATION FOR STANDARDIZATION. Environmental labels and declarations—Type III environmental declarations—Principles and procedures: ISO 14025: 2006 [S]. Geneva: ISO, 2006.

[22] INTERNATIONAL ORGANIZATION FOR STANDARDIZATION. Environmental management—Life cycle assessment—Principles and framework: ISO 14040: 2006 [S]. Geneva: ISO, 2006.

[23] INTERNATIONAL ORGANIZATION FOR STANDARDIZATION. Greenhouse gases—Carbon footprint of products—Requirements and guidelines for quantification: ISO 14067: 2018 [S]. Geneva: ISO, 2018.

[24] EUROPEAN COMMITTEE FOR STANDARDIZATION. Sustainability of construction works—Environmental product declarations—Core rules for the product category of construction products: EN 15804: 2012 [S]. Brussels: CEN, 2012.

[25] SUH S, HUPPES G. Methods for life cycle inventory of a product [J]. Journal of Cleaner Production, 2005,13(7): 687 –697.

[26] WORLD BANK. Green Finance: A Bottom-up Approach to Track Existing Flows [R]. Washington, D. C. : World Bank Group, 2017.

[27] INTERNATIONAL FINANCE CORPORATION. (2018). Sustainable Banking Network (SBN) Global Progress Report [R/OL]. (2018 – 08 – 25) [2025 –02 –10]. https://www.ifc.org/en/insights-reports/2018/publications-report-sbnglobalprogress2018.

[28] HALL B J, MURPHY K J. The trouble with stock options. The Journal of Economic Perspectives, 2003,17(3): 49 –70.

[29] KAPLAN S N. CEO pay and corporate governance in the U. S.: Perceptions, facts, and challenges. Journal of Applied Corporate Finance, 2013, 25(2): 8 –25.

[30] FRYDMAN C, JENTER D. CEO compensation. Annual Review of Financial Economics, 2010,2: 75 –102.

[31] BORK R H. The Antitrust Paradox: A Policy at War with Itself [M]. New York: Basic Books, 1980.

[32] 国家市场监督管理总局. 市场监管总局(国家反垄断局)发布《中

国反垄断执法年度报告(2022)》[R/OL].(2023－06－09)[2025－02－10].https://www.samr.gov.cn/xw/zj/art/2023/art_38056964cf5449daa346237200e24da0.html.

[33] 中华人民共和国中央人民政府. 关于印发《企业可持续披露准则——基本准则(试行)》的通知[R/OL].(2024－11－20)[2025－02－10].https://www.gov.cn/zhengce/zhengceku/202412/content_6993358.htm.

[34] ELKINGTON J. Cannibals with Forks: The Triple Bottom Line of 21st Century Business [M]. Gabriola Island: New Society Publishers, 1998.

[35] FRIEDMAN M. The Social Responsibility of Business is to Increase Its Profits [N]. The New York Times Magazine, 1970－09－13.

[36] MARSHALL A. Principles of Economics [M]. London: Macmillan and Co. Ltd.,1890.